Saggi

Davide Ferrarese

Una vita di vigna

Appunti ed esperienze
tra vigneti e persone

epoké

ISBN 978-88-31327-94-7

Prima edizione: 2024

Edizioni Epoké. Via N. Bixio, 5
15067, Novi Ligure (AL)
www.edizioniepoke.it
epoke@edizioniepoke.it

Editing e progetto grafico: Edoardo Traverso

I edizione

Si ringrazia per il sostegno e la collaborazione

BASF Agricoltural Solutions Italia
Colombardo SRL
Ferro A. & C. SAS
La Colombera azienda agricola
Lombricoltura CLT
Vivai Cooperativi Rauscedo SCA

INDICE

Prefazione

Non ricordo esattamente quando iniziai a seguire mio padre nei lavori in vigna, potrei dire da sempre talmente ero giovane. È stato acquisendo la sua esperienza, anno dopo anno, che imparai il mestiere del viticoltore; lo stesso metodo che di generazione in generazione, attraverso la "catena del sapere", ha permesso di consolidare e migliorare le tecniche viticole.

Poi seguirono gli studi alla scuola di agraria e la consapevolezza dei principi scientifici alla base di ciò che avevo imparato solamente osservando. Da allora non ho mai smesso di studiare e imparare.

Mi rendo conto che sia sempre più insolito passare una "vita di vigna", per usare le parole di Davide, o avere il tempo di completare un ciclo di studi in viticoltura prima di intraprendere l'affascinante mestiere del vignaiolo.

Molto più frequente sentire il richiamo della terra dopo aver maturato le più svariate esperienze di vita e professionali.

Non da meno la necessità di formare collaboratori che si prendano cura dei nostri vigneti arrivando da Paesi lontani dove raramente si coltiva la vite.

Prezioso allora questo manuale che in un tempo ragionevole ci dà la possibilità di sfruttare il sapere di decenni di esperienza tornandolo a sfogliare per questioni specifiche ogni volta che ci sorge un dubbio e ci serve una rapida consulenza.

Oggi la ricerca e la tecnologia mettono a disposizione numerosi strumenti per aiutarci a prendere le decisioni migliori nelle diverse situazioni che ci troviamo ad affrontare.

La parte più complicata ma stimolante del nostro mestiere è che non ci sono mai due annate uguali, due varietà che si comportano esattamente allo stesso modo e via dicendo. Per quanti supporti si abbiano a disposizione sono sempre l'agronomo o il vignaiolo che devono fare la scelta giusta in quel particolare contesto.

Nei tanti anni di amicizia e di collaborazione con Davide al Consorzio tutela del Gavi, nel suo ruolo di responsabile dell'area tecnica, ho sempre apprezzato la serietà e il rigore con cui ha affrontato i problemi che ci siamo trovati a dover risolvere.

Aver messo a disposizione delle future generazioni quanto imparato in una vita di lavoro dà la misura della passione con cui ha realizzato questo manuale.

Maurizio Montobbio
Viticoltore e Presidente del Consorzio Tutela del Gavi

Premessa

La viticoltura è un argomento complesso e come tale esige competenze profondamente tecniche ma anche scientifiche.

Ogni stagione viticola, per quanto incredibile, è sempre differente. Piccole variazioni nei dettagli (di ogni annata) possono risultare decisive, ed è proprio in queste sfumature che si nasconde la possibilità di affinare le azioni in vigneto.

Quando mi trovo tra i filari, sento l'esigenza di interrogarmi, di riflettete e di aggiornare le conoscenze in modo contestualizzato.

Il manuale nasce da questo bisogno e raccoglie alcuni argomenti classici della viticoltura come la gestione del terreno, la gestione della vegetazione, nonché la maturazione delle uve, ma non tralascia questioni più recenti e cruciali, come gli effetti del cambiamento climatico sull'ecosistema vigneto e la Flavescenza dorata in Piemonte.

L'argomento dei cambiamenti climatici, a cui è dedicato il primo capitolo di questo manuale, è di estrema attualità. Sebbene si pensasse che le conoscenze in questo ambito fossero ormai consolidate, la realtà ci pone costantemente di fronte a nuove situazioni, richiedendo un continuo aggiornamento e adattamento. Questo testo è il frutto di un lavoro approfondito, nato non solo dalle esperienze pratiche maturate sul campo durante la mia attività professionale, ma anche da studi e ricerche costanti.

La letteratura scientifica citata, gli argomenti trattati e l'autorevolezza dei relatori consultati conferiscono a questo manuale un valore unico, con l'obiettivo di comprendere e affrontare i numerosi e spesso controversi fenomeni osservabili in vigneto. Fenomeni per i quali, non di rado, risulta complesso individuare un chiaro legame di causa-effetto.

Desidero esprimere la mia gratitudine ai colleghi, non solo di VignaVeritas e ai professori, italiani e internazionali, il cui contributo tecnico e scientifico è stato essenziale per la realizzazione di questo lavoro. La loro consultazione ha arricchito e reso possibile questo manuale, che si propone di offrire risposte teoriche e pratiche a chi opera nel settore della viticoltura, in un contesto in continua evoluzione.

Il manuale include schemi, illustrazioni e collegamenti a foto specifiche, frutto di un'esperienza maturata principalmente nella viticoltura piemontese e nelle sue varietà di vite. Tuttavia, è dedicato all'intera viticoltura italiana, con l'obiettivo di stimolare la discussione sulle tecniche di coltivazione più moderne e di promuovere la condivisione del sapere.

CAPITOLO UNO

I cambiamenti climatici: effetti sull'ecosistema vigneto, danni e possibili soluzioni

1.1 I dati del cambiamento climatico[1]

Il cambiamento climatico induce variazioni della fisiologia della vite, del comportamento delle patologie e degli insetti.

L'analisi dei dati rilevati conferma un aumento consistente delle temperature estive, mentre quelle invernali risulterebbero essere più contenute, ma in un contesto più siccitoso; la primavera sta portando temperature più fredde e occasioni di pioggia e l'autunno sempre più simile all'estate per la viticoltura del nord Italia. Ne consegue una maggiore perdita idrica della vite, con un deficit medio di 50 mm/anno (dove richiederebbe 3-4 interventi idrici per portare in pareggio il bilancio idrico; Tabella 1.1).

[1] https://www.youtube.com/watch?v=x6K8h-XPp9c&t=4800s

Tabella 1.1 – Impatto del cambiamento climatico sulla vite (ERSA FVG, rielaborato)

Cause climatiche	Impatto specifico	Descrizione dell'impatto
aumento delle temperature medie annue e stagionali	variazione del panorama colturale	la maggior disponibilità termica potrà consentire l'introduzione di specie e/o varietà tipiche di climi più caldi a scapito di altre
	variazione della fisiopatia e della pressione parassitaria	temperature medie maggiori favoriscono determinate fitopatie a scapito di altre e favoriscono la diffusione degli insetti
	diminuzione produttiva della coltura	aumento della respirazione e concomitante riduzione della stagione di crescita
	aumento dei danni da gelata (anticipo fenologico)	anticipo del risveglio vegetativo primaverile e conseguente maggior sensibilità ai ritorni di freddo
incremento delle ondate di calore, o di eventi meteorologici intensi	aumento dei danni da agenti fisici	aumenta la perdita di produzione dovuta a forti piogge, vento, colpi di calore
diminuzione delle piogge e della loro frequenza	riduzione dell'acqua nel suolo, modifica del bilancio idrico, stress idrico - contingentamento idrico	la minore disponibilità idrica potrà determinare la sostituzione di alcune specie e varietà con altre maggiormente tolleranti allo stress idrico con l'abbandono di alcune terreni non più vocati
riduzione delle piogge medie e aumento della temperatura media	riduzione della sostanza organica e delle sostanze umiche del suolo*	diminuzione della produttività e aumento dei costi di produzione per il ripristino delle condizioni fisico-chimiche dei suoli
	perdita di biodiversità	

* *diminuzione della sostanza organica nei suoli (anche per la temperatura elevata aumenta il tasso di mineralizzazione di solito del 2%, ma adesso con l'innalzamento della temperatura arriviamo al 2,2-2,5%)*

Le principali caratteristiche del cambiamento climatico riguardano l'aumento di:

- temperature medie massime (per le minime è meno rilevante);
- numero di giorni con temperatura superiore ai 35 °C;
- deficit pluviometrico;
- giorni con eventi estremi (gelate, precipitazioni intense, colpi di calore, ecc.).

Dai dati rilevati specificatamente in Piemonte emerge anche:

- l'aumento delle temperature è tra i maggiori in Europa negli ultimi decenni;
- la riduzione del numero di giorni piovosi (mantenendo la quantità annuale di pioggia) e maggiori eventi estremi;
- l'aumento in durata e intensità della carenza idrica;
- la mutazione fenologica della vite: anticipo della fase di crescita e periodo della maturazione più veloce e nelle fasi più calde;
- riduzione delle rese produttive;
- alterazione della qualità delle uve: i composti qualitativi hanno modalità diverse di accumulo e formazione che non "tornano" con la velocità di maturazione;
- pH più alti;
- incremento delle infezioni di oidio e di mal dell'esca;
- si riduce la vigoria della pianta.

1.2 Ripercussione dell'aumento delle temperature sulla viticoltura piemontese[2]

La vite è una coltura altamente clima-sensibile; a livello mondiale il cambiamento climatico sta contribuendo allo spostamento a latitudini più elevate delle aree di produzione vitivinicola, mentre a livello regionale, come nel caso del Piemonte, lo spostamento avviene verso zone ad altitudini più alte o verso esposizioni meno calde disponibili all'interno delle singole aree di produzione. Uno studio specifico ha analizzato lo spostamento della vite sviluppando proiezioni climatiche al 2100 con due diversi scenari di emissioni: in caso di mitigazioni, a fine secolo potremmo avere un Piemonte più caldo di 2 °C rispetto alle medie precedenti, mentre l'aumento sarebbe di ben 5 °C se non dovessimo intraprendere alcuna azione. I risultati mostrano una evidente riduzione degli areali definiti "potenzialmente ottimali", inoltre per l'ultimo trentennio del secolo (2070) secondo lo scenario tendenziale, gli areali attualmente coltivati nel sud della regione potrebbero non avere più condizioni climaticamente ottimali per le produzioni di riferimento. Per quanto riguarda invece la variazione altitudinale, i modelli restituiscono un aumento della quota media di 3 m all'anno per lo scenario con mitigazione e di 8 m all'anno per la situazione peggiore che porterà quindi alla quota media degli areali e potenziale vocazionalità viticola degli attuali 300 m s.l.m. a 600 m s.l.m. per il primo scenario e 1.200 m s.l.m. per il secondo entro fine secolo.

[2] http://www.politichepiemonte.it/argomenti/colonna1/ambiente-e-territorio/640-ripercussioni-del-cambiamento-climatico-sulla-viticoltura-piemontese

Lo studio ha verificato che tra il 1996 e il 2017 la concentrazione zuccherina nell'area del Nebbiolo è aumentata in maniera significativa e il giorno di raccolta si è anticipato di un giorno all'anno, così che la concentrazione zuccherina media tra il 10 e il 20 settembre potrebbe raggiungere i 25,5 °Bx entro la fine del secolo (15,3% vol); oltre ad aumentare la probabilità di avere la fermentazione alcolica incompleta e la permanenza di tracce di zucchero nei vini, si mettono anche a rischio le capacità di invecchiamento. Inoltre i futuri vini rischierebbero di essere poveri di acidità, piatti nel gusto e con stabilità ridotta.

La pratica di adattamento già ampiamente diffusa di anticipare la vendemmia per assecondare la sempre più anticipata maturazione delle uve, potrebbe non essere più sufficiente; poiché vendemmiare il Nebbiolo nella prima settimana di settembre, fino ad oggi considerato un caso eccezionale avvenuto solo in annate particolarmente calde come il 2003 e il 2017, potrebbe divenire la normalità tra il 2050 e il 2075. Lo spostamento del giorno ottimale di raccolta implica lo spostamento dell'intera fase di maturazione e quindi condizioni estreme di caldo e siccità nel mese di agosto potrebbero generare ulteriori scompensi nei processi biochimici coinvolti in questa importante fase.

L'aumento delle temperature autunnali e invernali e una differente distribuzione delle piovosità portano ad una diversa sopravvivenza degli agenti patogeni delle vite, con infezioni maggiori e più gravi all'inizio dell'anno; le ripercussioni si osservano anche sugli artropodi, che tendono a svernare meglio.

Per quanto riguarda gli insetti come la tignola, si è notato che il cambiamento climatico riduce la prima generazione, ma poi in vendemmia c'è un aumento della sua presenza poiché il clima le rende più aggressive e in natura chi le disturberebbe soffre le alte temperature del periodo.

Per le patologie, abbiamo osservato un aumento della carica di oidio a fine stagione, e conseguentemente aumento della sua presenza nella stagione successiva; invece la piovosità del mese di maggio aumenta la gravità delle infezioni di peronospora, favorisce maggiori squilibri nutritivi, chiome vigorose e rischio maggiore del complesso dell'esca.

1.3 Fisiologia della foglia e resistenza agli stress

Le lamine fogliari raggiungono la loro massima capacità fotosintetica[3] quando hanno completato la loro crescita, ovvero 25-30 giorni dopo la loro emergenza, e può rimanere a livelli molto alti per quasi 3 mesi; diciamo che è frequente un declino della fotosintesi con foglie che hanno raggiunto 50-60 giorni di età. Anche le foglie delle femminelle mostrano un decorso stagionale della fotosintesi simile a quello delle foglie principali.

Le foglie delle femminelle forniscono dunque un importante contributo alla produzione dei fotosintetati che saranno accumulati nell'uva o destinati agli organi di riserva. Sul finire della stagione vegetativa, dopo la vendemmia, le foglie delle femminelle si presentano più efficienti di quelle degli assi principali per tutto l'arco della giornata. Da tenere in considerazione che le potature precoci, eseguite prima della naturale e totale caduta delle foglie, riducono la traslocazione di carboidrati

[3] Fotosintesi: avviene in tutti gli organi verde e produce carboidrati, ovvero sostanze organiche complesse, a partire da sostanze inorganiche semplici utilizzando energia proveniente dall'esterno (l'energia solare viene trasformata in energia chimica attraverso un processo fotochimico molto importante).

ed elementi minerali dai tessuti fogliari senescenti agli organi di riserva, che avranno pertanto una minore potenzialità di accumulo.

Da un punto di vista pratico, è bene evidenziare che nel periodo compreso tra il germogliamento e la fioritura, sono le foglie del tratto basale dei germogli a mostrare i maggiori livelli di attività fotosintetica (la lamina è già completamente espansa); su tale base conoscitiva si può influenzare la pratica della defogliazione della fascia produttiva compresa nelle diverse fasi fenologiche della pianta.

Una corretta attività fotosintetica durante la stagione di crescita garantisce l'accumulo di sostanze di riserva nelle radici e nel fusto; le piante vecchie resistono meglio agli stress idrici e termici perché hanno le riserve per garantire l'attività in caso di chiusura stomatica.

A tal proposito per ottimizzare la gestione del vigneto dal punto di vista idrico, bisognerebbe conservare le vecchie piante il più possibile.

1.4 Traspirazione e termoregolazione in condizioni di stress idrico[4]

Durante la stagione estiva l'energia solare che la pianta accumula è superiore al suo fabbisogno, per cui deve essere dissipata: prende il nome di calore latente e viene usato per il passaggio dallo stato solido a gassoso dell'acqua, con riduzione della temperatura della foglia; nelle annate molto calde

---

[4] Bigot G, Silvilotti P. Stress idrico - quando aumenta la qualità? 2020. *4Grapes.*

c'è però la chiusura degli stomi, senza nessun effetto sul raffrescamento. Una buona fornitura d'acqua permette quindi di mantenere la temperatura della vegetazione vicina a quella dell'aria, preservando il contenuto di aromi e dell'acidità dell'acino.

La pianta attua comportamenti adattativi anche nel breve periodo: chiude gli stomi per ridurre la traspirazione[5], con conseguente riduzione degli scambi gassosi e quindi assorbimento di CO_2.

Una variazione di apertura stomatica porta ad un lieve aumento in termini di fotosintesi, mentre c'è un incremento importante della traspirazione; quando inizia il deficit idrico, la pianta ci dà dei segnali andando a ripiegare la lamina fogliare per ridurre la superficie esposta alla radiazione (epinastia). Quando la pianta non riesce a riportarsi in condizioni idriche ottimali, può prendere acqua dalle bacche riducendone le dimensioni e si può addirittura ridurre anche il diametro del ceppo; in queste condizioni estreme diventa difficile rimettere in equilibrio la pianta.

Una prova condotta sul vitigno Tempranillo in Spagna ha suggerito che un forte stress idrico tardivo, che penalizza fortemente la funzionalità fotosintetica delle foglie, può determinare una riduzione dell'accumulo degli zuccheri alla vendemmia; nella stessa direzione vanno i dati raccolti su Barbera coltivato

[5] La traspirazione è il processo attraverso il quale la vite perde acqua dalle foglie e svolge un ruolo essenziale nel bilancio del carbonio; questo processo permette alle piante di regolare la propria temperatura interna, mantenendola entro livelli ottimali per il funzionamento enzimatico e la fotosintesi, soprattutto in condizioni di stress termico. Quando la traspirazione è efficiente, le piante riescono a mantenere un ambiente interno adeguato, favorendo la fotosintesi e riducendo l'accumulo di calore che potrebbe danneggiare le cellule.

nell'areale piacentino in cui la gradazione zuccherina raggiunta nel 2003, annata storica per livelli massimi termici e radiativi, era ridotta di 3-4 °Bx rispetto all'annata relativamente fresca del 2002.

La ripartizione del bilancio energetico è tanto importante per la fisiologia della pianta, quanto difficile da prevedere: è determinata da fattori ambientali come la radiazione solare, la temperatura, l'umidità dell'aria, il vento, e fisiologici come la resistenza stomatica, ma anche strutturali come l'architettura della chioma.

L'evapotraspirazione potenziale (ETp) è un parametro che, meglio di altri, esprime l'intensità con cui l'atmosfera chiede acqua al suolo e alle chiome; soprattutto a causa dell'aumento delle temperature, la richiesta traspiratoria che l'atmosfera esercita nei confronti dell'ecosistema vigneto è in costante e inesorabile crescita.

Com'è noto, l'acqua si muove da punti a potenziale più alto verso zone a potenziale più basso (ovvero più negativo); in una giornata nuvolosa e fresca, in cui l'atmosfera chiede relativamente poca acqua all'ecosistema vigneto, si nota che il potenziale idrico fogliare non scende mai al di sotto di -1,0 MPa (valore notoriamente non limitante per l'attività fotosintetica e per la stessa traspirazione); viceversa, in una giornata tersa e calda, con umidità relativa bassa (45% nel caso specifico) l'atmosfera diventa molto esigente in termini di domanda evapotraspiratoria e il potenziale idrico fogliare può raggiungere valori anche inferiori a -1,5 MPa, certamente critici per gli scambi gassosi tra vite e atmosfera.

In era di cambio climatico, il fenomeno in assoluto più rilevante pare essere il seguente: anche in momenti in cui il contenuto di acqua nel terreno non è limitante, è assolutamente possibile che, specie nelle ore centrali della giornata, si possa registrare uno stress di tipo "atmosferico", semplicemente dovuto al fatto che in quel momento la capacità di attingere all'acqua da parte delle radici non è sufficiente a soddisfare l'ingente domanda idrica da parte dell'atmosfera (la vite è incapace di assecondare con l'assorbimento radicale la richiesta traspiratoria sempre più elevata).

Solitamente questi fenomeni sono transitori, proprio perché dipendenti dalla presenza di luce ad alta intensità e di elevate temperature, ma significativi in quanto comportano consistente riduzione di fotosintesi; dovremmo oggi più propriamente parlare non solo di stress idrici, quanto piuttosto di stress meteorologici.

Questi risultano esacerbati anche da tecniche di gestione del suolo che tendono ancora di più a depauperare la riserva idrica utile iniziale. In tale contesto è da non trascurare l'effetto di una leggera brezza di vento che contribuisce ad aggravare ulteriormente il fenomeno: il vento rimuove il cuscinetto di aria umida che in condizioni di assenza di ventilazione si formerebbe intorno alla foglia e che contribuirebbe a limitare il tasso traspiratorio.

Con l'irrigazione, si fornisce alle piante lo strumento per poter mantenere la fisiologia attiva: se le precipitazioni scarseggiano e non c'è possibilità di irrigare, la vite entra in stress idrico, l'energia viene dissipata nel flusso di calore e c'è surriscaldamento della vegetazione, con accelerazione della degradazione di zuccheri e di acidi.

La pratica irrigua richiede però alcune considerazioni generali che riguardano il tema della disponibilità idrica, estesa anche in altri settori come quello civile, urbano e industriale. In campo agricolo, la tecnica ha sicuramente necessità di ulteriore esperienza in quanto è ancora un intervento di soccorso e quasi mai ordinario.

Sarebbe più semplice disporre un piano irriguo in una regione viticola semi arida in cui l'assenza di precipitazioni è significativa; infatti ben diversa è la casistica, dove lo stress idrico può esserci ma può anche non esserci perché in qualsiasi momento può essere "migliorata" da una precipitazione estiva.

Prima ancora di pensare a quanta acqua erogare e a come distribuirla, è di fondamentale importanza mettere a disposizione dei viticoltori strumentazioni agili, semplici e immediate che li aiutino a capire se e quando una soglia di stress significativo viene raggiunta. Principalmente sono due le evenienze che devono essere assolutamente evitate: intervenire troppo in anticipo o con un eccesso di volume irriguo rispetto a una situazione che in realtà non è ancora limitante, oppure all'opposto intervenire ormai in maniera troppo tardiva, basandosi solo su valutazioni visive che non sempre centrano l'obiettivo. Esempio classico è quello dell'osservare l'inclinazione delle foglie: riscontri in letteratura dimostrano che quando una foglia si è disposta verticalmente sta già subendo una forte decurtazione fotosintetica, spesso superiore al 50% di quella massima, e di conseguenza un intervento basato su questa sintomatologia visiva è spesso tardivo.

Inoltre sarebbe utile predisporre impianti irrigui polifunzionali, dotati di irrigazione antibrina, o di nebulizzazione al fine di raffrescamento combinati all'irrigazione standard.

1.4.1 *Varietà anisoidriche e isoidriche*[6]

La classificazione[7] è essenzialmente basata sulla prontezza con cui il vitigno reagisce all'insorgenza di una condizione idrica limitante, basata sulla regolazione del grado di apertura degli stomi.

Ridurre la traspirazione non significa chiudere l'apertura stomatica e quindi ridurre fotosintesi, ma migliorare l'efficienza d'uso dell'acqua perché abbiamo un maggior numero di molecole di CO_2 che vengono organicate in relazione alle quantità di molecole di H_2O che vengono traspirate. In deficit idrico moderato, mediamente le piante non chiudo gli stomi ma trattengono più tenacemente l'acqua, ottimizzandone le risorse; in varietà anisoidriche (dette anche ottimistiche), questi comportamenti idraulici possono arrivare fino al fallimento idraulico, con fenomeni di cavitazione, cioè formazione di bolle d'aria nello xilema, fino alla condizione estrema di perdita delle foglie. L'attività fotosintetica rimane però attiva, garantendo la produzione.

---

[6] Bigot G, Silvilotti P. Stress idrico - quando aumenta la qualità? Op. Cit.

[7] Esperienze personali della stagione 2022:

- il Timorasso tende a ripiegare poco le foglie, a far bollire gli acini e a far seccare qualche foglia basale (poche); i parametri analitici arrivano a posto;
- la Barbera soffre la siccità ripiegando molto le foglie, mantenendole a lungo e senza disseccamento delle foglie basali, ma con acini che tendono ad appassire e grappoli non omogenei come maturazione;
- il Cortese tende a perdere le foglie basali con lievi appassimenti dei grappoli; c'è perdita di acidità, ma senza salire di zuccheri in modo particolare;
- il Nebbiolo tende a soffrire meno sulla vegetazione rispetto al Barbera e porta avanti la maturazione;
- Timorasso e Cortese sembrerebbero simil anisoidrici (ottimistici), mentre Barbera simil isoidrico (pessimistico).

Le varietà isoidriche (dette anche pessimistiche) chiudono immediatamente gli stomi non appena c'è carenza idrica, con cessazione immediata della fotosintesi e conseguente riduzione della produzione, come ad esempio il Cabernet Sauvignon. Il loro potenziale idrico fogliare rimane costante anche quando quello del suolo diminuisce e sono varietà più adatte per la sopravvivenza anche nei climi aridi.

In funzione del deficit idrico e termico, si presentano delle situazioni intermedie per cui uno stress repentino porta una varietà anisoidrica a comportarsi come una isoidrica per mancanza di un tempo di adattamento sufficiente.

1.4.2 Stress idrico: Sangiovese e Montepulciano[8]

In condizioni idriche non limitanti, il Montepulciano è in grado di mantenere una traspirazione e un'assimilazione di CO2 maggiore rispetto al Sangiovese, come rilevato da misurazioni effettuate sia su foglie singole sia su chioma intera. Quando però gli stessi due vitigni vengono sottoposti a condizioni idriche limitanti, le parti si invertono: il Montepulciano tende a ridurre rapidamente la traspirazione chiudendo gli stomi e riducendo la propria attività fotosintetica che, a parità di condizioni, risulta essere inferiore a quella del Sangiovese che invece mantiene livelli di traspirazione più elevata.

Se si osserva il fenomeno in termini dinamici, possiamo affermare che il comportamento relativo dei due vitigni segue un

[8] Tombesi S, Poni S, Palliotti A. Stress idrico in Vitis vinifera: varibilità delle risposte fisiologiche intra-specifiche e loro potenziale sfruttamento nella mitigazione degli effetti dei cambiamenti climatici. 2016. *Italus Hortus*, 23(1), 45-53.

andamento differente a seconda dell'entità dello stress. Il Montepulciano manifesta livelli di conduttanza stomatica superiori al Sangiovese, mentre a potenziali più negativi il Sangiovese mantiene una migliore conduttanza stomatica arrivando a completa chiusura degli stomi a valori tra -1,5 ed -1,8 MPa; il Montepulciano arriva a chiudere gli stomi già a -1 MPa.

Quindi, possiamo affermare che il Montepulciano è un vitigno meno anisoidrico (meno ottimistico), con una minore capacità assimilativa a potenziali idrici moderatamente negativi (-1 MPa) rispetto al Sangiovese che ha un comportamento più anisoidrico.

Questo coincide con una maggiore vulnerabilità all'embolia dei vasi xilematici dei piccioli. Se si prende il valore di P50, il potenziale a cui si ha il 50% di perdita di conduttanza idraulica (PLC), si vede come ci sia una differenza tra i due vitigni di circa 0,2 MPa. Questo dato, ponderato per la maggiore conduttanza idraulica del picciolo, potrebbe giustificare la maggiore capacità di Sangiovese di condurre acqua, e quindi traspirare a bassi potenziali rispetto al Montepulciano.

1.4.3 Bilancio idrico[9]

In condizioni di buona funzionalità stomatica, oltre il 50% del calore è dissipato dalle piante ad opera della traspirazione. Ogni vite traspira mediamente 0,5 mm di acqua all'ora e nei periodi estivi può perdere fino a 5 litri di acqua al giorno per traspirazione per m^2 per ogni vigneto. Per cui, ipoteticamente e in relazione

[9] Meggio F. La fisiologia della vite in caso di stress. 2022. *Vinidea, Masterclass sul Suolo e sugli Stress Climatici in Vigneto.*

al ciclo vegetativo, nei 5 mesi stagionali, con 4.000 viti/ha e 8 ore di traspirazione al giorno, vengono traspirati circa 24.000 hl/ha.

Praticamente solo 0,2-0,5% dell'acqua assorbita finisce nel mosto, poiché la restante viene utilizzata per traspirare e dissipare energia. Si presume che un vigneto in produzione di 65 hl di mosto/ha possa consumare circa 240 mm di acqua (2.400 m^3/ha = 24.000 hl di acqua/ha).

Per ridurre la traspirazione della pianta, si può agire riducendo la superficie traspirante tramite la gestione della chioma con la cimatura e la defogliazione oppure coprendo le foglie con prodotti antitraspiranti. La presenza dei grappoli può contribuire a controllare la vigoria dei germogli e quindi anche la traspirazione (rapporto source - sink[10]): a seguito dell'allegagione, tutti gli assimilati prodotti dai tralci vanno sui grappoli, riducendo la vigoria e la capacità di traspirazione della pianta. Ci sono però varietà particolarmente vigorose come il Carmenere che in fioritura a volte abbandona i grappoli perché gli apici fogliari richiamano fortemente gli assimilati e ne impediscono l'accumulo negli stessi.

1.4.4 Valutazioni sulle temperature fogliari

Durante la stagione è possibile verificare al tatto la temperatura della foglia oppure attraverso la termografia ad infrarossi, da cui sono emersi fino a 15 °C di differenza tra le diverse posizio-

[10] Le parti della pianta che producono fotosintetati sono definite sorgenti (source) e gli organi in accrescimento che richiedono energia sono detti pozzi (sink): i fotosintetati si dirigono dalle sorgenti ai pozzi. Le sorgenti non sono solo le parti verdi che compiono fotosintesi clorofilliana, ma anche i tessuti della pianta dai quali sono mobilitate le riserve di zuccheri da inviare ai pozzi (sink) che invece sono rappresentati da radici, frutti, foglie giovani e gemme.

ni all'interno della chioma. La fotosintesi delle foglie ha una spiccata relazione con la loro temperatura, trovando un optimum tra 17-19 °C fino ad un massimo di 30-35 °C (oltre alla disponibilità idrica).

Temperature vicine o superiori ai 35 °C diventano gravi per la vite perché bloccano o rendono irreversibili alcuni processi metabolici, ma potremmo pensare che già i 33°-34 °C nel nord Italia abbiano influenze negative.

I grappoli in maturazione perdono la capacità di termoregolazione perché non traspirano e la pianta, in condizioni di elevata temperatura, non li raffredda; inoltre, se sono "scuri", si scaldano maggiormente. Sappiamo anche che la temperatura ottimale per la sintesi dei metaboliti secondari è tra i 20 e i 30 °C, quindi il contenuto di antociani è influenzato dalla temperatura del grappolo e di conseguenza anche dal sistema di allevamento e dalla gestione della chioma, che modificano ombreggiamento ed esposizione degli stessi. Per esempio, nella controspalliera, un lato del filare (quindi metà grappoli) è esposto alla luce e alle temperature influenzate dalla luce, mentre nella pergola i grappoli hanno la stessa temperatura dell'aria e sono quindi più freschi della controspalliera, con effetto protettivo dagli eccessi termici che portano alla perdita dei precursori aromatici. È inoltre da considerare che le ore pomeridiane sono più cariche dal potere energetico.

Si vorrebbero modellizzare le anomalie di maturazione delle uve in relazione all'andamento meteorologico stagionale, per esempio guardando gli zuccheri solubili espressi su base giorno/anno. È stata prodotta una ricerca dove attraverso un approccio modellistico, per 13 anni, sono state valutate le curve di maturazione delle uve presso la cantina Collis e sono state relazionate alle precipitazioni di luglio.

Dai risultati si è visto che il mese di agosto è fondamentale per la maturazione, sia per l'anticipo sia per il ritardo, mentre i mesi precedenti non hanno influenze specifiche sui parametri analitici alla raccolta in quanto maggio e giugno hanno effetti limitati sulla fase iniziale della maturazione.

1.4.5 Valutazioni sulle temperature degli acini

L'acino di vite è per definizione un organo a basso potenziale di traspirazione, specie se rapportato alla foglia. Infatti l'acino ha una densità stomatica infinitamente più bassa di quella della foglia (1-5 stomi mm^2 rispetto a 150-200 stomi mm^2) e a causa della forma tendenzialmente sferica, con un rapporto superficie/volume piuttosto sfavorevole.

Per queste ragioni, gli acini sono molto suscettibili ai danni da surriscaldamento, con conseguenti scottature e necrosi; la loro sensibilità dipende anche da una serie di altri fattori tra i quali:

- la fase fenologica (pre o post invaiatura);
- spessore della buccia, parametro che viene a strutturarsi entro le prime quattro settimane dopo la fioritura;
- capacità di acclimatarsi a condizioni di radiazione e temperature elevate;
- microclima a cui l'acino era sottoposto prima di passare a condizioni di piena esposizione termico-luminosa.

Durante un possibile colpo di calore estivo in cui l'acino è in presenza di una temperatura dell'aria di 37-38 °C, può facilmente raggiungere temperature anche di 10 °C superiori, producendo una rapida serie di reazioni di tipo morfologico: in generale, se la temperatura dell'acino eccede i 37 °C per più di sei ore, gli acini in procinto di scottarsi vanno incontro ad una perdita della struttura cristallina delle cere epicuticolari, con il risultato di una cuticola lucida e brillante, viceversa gli acini non soggetti al danno mantengono una cuticola pruinosa. Questo fenomeno è il risultato del riorientamento delle placche di cera che ricoprono la cuticola ed è anche un segno premonitore che anticipa anche solo di qualche ora la manifestazione di una scottatura[11] (il Nebbiolo è caratteristico a questa perdita di pruina).

Sotto il profilo meramente fisico, per esempio l'utilizzazione dell'irrigazione climatizzante consegue lo scopo principale di ridurre la temperatura superficiale degli organi che vengono interessati dall'irrorazione (sotto-chioma riduzione di 5 °C, sovra-chioma riduzione di 12 °C).

1.4.6 Termoregolazione: le annate 2003 e 2022[12]

Nel 2022 e nel 2003, le temperature massime sono state sopra la media, ma a differenza del 2003, nel 2022 le temperature minime notturne non hanno superato le medie. Di notte, il vigneto irradia calore verso l'atmosfera, con raffreddamento del sistema: il fenomeno è tanto più intenso quanto il cielo è sereno e l'ambiente poco umido.

[11] Si evidenzia il ruolo del vitigno e del materiale genetico che differisce dalle condizioni ambientali (sarebbe interessante monitorare e annotare la risposta del genotipo alle scottature e agli appassimenti delle uve).
[12] Bigot G, Pitacco A. Bilancio idrico e del carbonio in vigneto e sua resilienza. 2022. *4Grapes,* https://www.facebook.com/4grapes.it/videos/1263343001148529.

In realtà del 2003 mi ricordo il silenzio della campagna, in particolare ad agosto di giorno c'erano pochi rumori, anche gli uccelli non si sentivano poiché è stato uno stress forte.

Quindi probabilmente le notti del 2022 con temperature minime corrette (in particolare l'escursione termica è importante, mediamente tra le più alte delle medie) hanno permesso di avere un irraggiamento notturno intenso e di conseguenza il raffreddamento (è un'ipotesi).

Lo stress è di scala continentale, nel 2003 le minime non avevano avuto le suddette caratteristiche ed in alcuni casi erano state raccolte uve immature e acide, la pianta si era fermata.

Altri fattori importanti da tenere in considerazione nelle annate calde sono:

- il vento, che rende più intenso lo scambio energetico tra vegetazione e atmosfera;
- scabrezza, cioè le piante possono essere scabre: al contrario di un campo di un frumento, che è un campo "liscio" e poco accoppiato all'ambiente, il vigneto ha una vegetazione scabra, aumentando l'intensità tra vento e vegetazione, "accoppia" la vegetazione all'atmosfera e intensifica gli scambi.

Quindi il vigneto risulterà più fresco del frumento perché il vento agisce diversamente tra i due ambienti. Una sorta di agroforestazione[13] mirata può aiutare (ma attenzione a non creare frangivento).

[13] Nelle zone molto calde potrebbe essere interessante l'agroforestazione, cioè impianti di specie arboree (per esempio Farnia, Tiglio, Mirabolano (ciliegio da fiore), Acero) e specie arbustive (ad esempio Lavanda e Ginestra); risultano difficili per la gestione meccanica, ma sono interessanti dal punto di vista ecofisiologico.

1.5 Fisiologia della pianta in stress idrico

L'acqua è essenziale anche per la maturazione e deve transitare dalle foglie al grappolo: il sistema fogliare deve quindi essere efficiente, in caso contrario, il frutto ne risente.

La complessità del tema è enorme in quanto l'acqua è coinvolta in vari processi, come fotosintesi, termoregolazione e maturazione (Tabella 1.2), ma gli effetti dello stress idrico sono spesso il risultato di interazioni tra entità e distribuzione delle precipitazioni annuali, portinnesto, vitigno (esempio genotipi isoidrici o genotipi anisoidrici), presenza o assenza di cotici erbosi e rapporto tra superficie fogliare e produzione (Tabella 1.3).

Tabella 1.2 – Richiesta idrica correlata alle fasi di sviluppo della pianta e dei composti aromatici

Fase fenologica/ sviluppo composti	Periodo di richiesta idrica	Note
crescita della radici	maggio-giugno-luglio /fine settembre-ottobre - buona parte di novembre	dipende dal clima e dai terreni inoltre nelle zone calde abbiamo visto un'importante crescita di radici nel post raccolta (tenerla attiva con apporti idrici)
crescita dei germogli	da aprile a settembre con la maturazione del legno	è importante arrivare prima dell'invaiatura in corretto stato idrico, anche per lo sviluppo di precursori aromatici e della bacca
crescita della bacca	da giugno ad ottobre	durante la fioritura, si differenziano le gemme ed il carico produttivo per l'anno successivo, quindi importante per gestire le rese
sentori verdi (metossipirazine)	post-invaiatura	la sintesi è però in pre-invaiatura
fenoli	post-invaiatura	la sintesi dei precursori è in pre-invaiatura

Tabella 1.3 – Input e output idrici in vigneto

input	pioggia	gestione della densità d'impianto distribuzione delle radici e portinnesti
	irrigazione	calcolo dei bisogni irrigui strategia dei deficit irrigui
output	traspirazione	selezione genetica (varietà e portinnesto) sistema di allevamento orientamento dei filari gestione della chioma e dell'inerbimento controllo dell'umidità
	evapotraspirazione	mulching gestione del terreno modelli irrigui sistema d'irrigazione
	perdita - erosione	gestione del suolo cover crop sistemazione dei filari

Prima dell'invaiatura, chioma e grappoli si parlano e qualsiasi modifica che riguarda lo stato idrico della chioma si riverbera inevitabilmente anche sui grappoli; viceversa in post-invaiatura, questo canale comunicativo viene ad essere fortemente inibito e con esso il grappolo acquisisce una buona dose di autonomia idraulica e la sensibilità dell'acino a condizioni limitanti di acqua nel suolo diminuisce fortemente. Dopo l'invaiatura, il rifornimento idrico dell'acino in crescita è almeno per l'80% soddisfatto dal floema[14] e solo in minima parte dallo xilema[15]. Inoltre il carico d'uva di una pianta influisce sullo stato idrico

[14] Floema: è posto all'esterno del sistema linfatico e trasporta i fotosintetati dai luoghi di produzione a quelli di accumulo (linfa elaborata - dall'alto verso il basso).

[15] Xilema: è posto all'interno del sistema linfatico e trasporta linfa grezza (acqua e sali minerali) dal terreno alle altre parti della pianta (linfa grezza - dal basso verso l'alto).

generale: quando ci sono produzioni abbondanti i grappoli richiamano acqua dall'invaiatura alla raccolta e potrebbero verificarsi squilibri con la parete vegetativa.

La conseguenza più importante di questi meccanismi fisiologici è che in linea generale lo stesso livello di stress idrico che si verifica in pre-invaiatura ha un maggiore impatto su rese e composizione dell'uva rispetto a uno che avviene dopo l'invaiatura: con stress idrico in pre-invaiatura si osserva una contrazione della dimensione degli acini e le fasi successive sono meno critiche.

Quando la pianta si trova in situazione di stress idrico dal germogliamento all'allegagione, si osserva da subito una fase del pianto scarsa (dovuta all'inverno siccitoso), gemme cieche, crescita ridotta e disforme dei germogli e scarso sviluppo fogliare. Dall'allegagione all'invaiatura, lo stress idrico causa aborto dei fiori e cascola degli acini, a cui segue una riduzione del volume delle bacche dovuta al passaggio di acqua dagli acini ai germogli; si verifica anche ingiallimento fogliare e migrazione del potassio nell'uva. In particolare, se lo stress idrico si verifica entro le prime due settimane dalla fioritura, c'è una riduzione del tasso di divisione cellulare; assai raramente questa limitazione è compensata da una maggiore crescita in post-invaiatura, per cui alla vendemmia il peso dell'acino è altresì ridotto, portando con sé un innalzamento della concentrazione zuccherina. Altre conseguenze sono la riduzione degli antociani e l'aumento dei flavonoli (che determinano un gusto amaro nel vino). In caso di stress idrico moderato, viene invece influenzata in modo positivo la componente polifenolica dell'uva (Tabella 1.4).

Lo stress con deficit idrico porta a produrre uve con acini più piccoli che avranno una maggior concentrazione di cationi

Tabella 1.4 – Epoca dello stress idrico e influenza sulle uve

Effetto	Pre-invaiatura	Post-invaiatura
aumento	solidi solubili totali (°Bx) monoterpeni flavonoli	antociani carotenoidi pH, amminoacidi norisoprenoidi, terpeni, solidi solubili totali (°Bx)
invariato	tartarico pH pro-antocianidine	pro-antocianidine
decremento	allegagione e resa malico metossipirazine	resa malico metossipirazine

come il potassio e il calcio. Il calcio è una risposta della bacca alle alte temperature e si trova nelle pectine che aumentano con la dimensione inferiore della bacca nei mosti e nei vini; siamo passati da 80-100 ppm di calcio a 130-140 ppm superando la soglia di 120 ppm; il tartrato di calcio che si forma crea un problema di instabilità maggiore di quello del potassio.

Se lo stress è precoce sono partito con meno membrane nell'acino e di conseguenze meno vacuoli da cui si sviluppa l'APA (l'APA è basso nelle zone secche a prescindere dalle zone calde). Teniamo conto che quando ho stress idrico, la foglia della pianta non irrigata aumenta mediamente di 5-6°C rispetto alla pianta che non è in stress idrico con conseguente riduzione dell'attività fotosintetica e riduzione del malico.

Ad inizio estate avviene anche l'induzione e la differenziazione delle gemme ibernanti: sia stress idrici molto forti sia elevata vigoria per eccesso di acqua determinano una riduzione della fertilità dei futuri germogli.

Dall'invaiatura alla maturazione, gli acini diventano sempre più indipendenti dalla pianta, quindi più tolleranti nei confronti degli stress idrici. Anche se in seguito al periodo di stress ci fossero delle piogge, la dimensione della bacca aumenterebbe in modo limitato (perché si è ridotto in precedenza il numero delle cellule che hanno già formato bacche più piccole).

In questa fase, la riduzione dei volumi degli acini in conseguenza dello stress idrico è quindi meno importante rispetto alle prime fasi di crescita delle bacche; ci possono però essere fenomeni di raggrinzamento dovuti alla traspirazione cuticolare dell'acino e al debole back flow verso la foglia. Per aumentare di volume a ridosso della raccolta, l'acino deve ricevere acqua dalle foglie, assieme agli zuccheri; invece la diluizione del contenuto dell'acino non è possibile, salvo nelle fasi finali di maturazione, a circa 100-120 giorni dalla fioritura, dove le bucce sono talmente assottigliate che permettono il passaggio dell'acqua, per cui si verifica un abbassamento di tutti i valori (acidità e zuccheri).

Un forte stress idrico in questo periodo comporta però una riduzione della capacità fotosintetica delle foglie, un arresto dello sviluppo degli apici vegetativi, la caduta precoce delle foglie basali, la sovraesposizione dei grappoli alla luce e alle temperature, una maggiore sensibilità alle scottature. Dagli studi è emerso che un grappolo per accumulare zuccheri deve traspirare, altrimenti ne blocca la maturazione; inoltre l'aerazione del grappolo in fase di maturazione deve essere normale, con un suo ritmo giorno-notte (si inturgidisce la notte e si asciuga di giorno). Generalmente uno stress di post-invaiatura determina effetti complessivamente positivi sulla maturazione, a patto che il potenziale idrico fogliare non scenda possibilmente al di sotto della soglia di -1,1 MPa. Per esempio, su Syrah, è emerso che uno stress indotto in post-invaiatura ha favorito la sintesi di malvidina e dei suoi derivati p-cumarati.

In altri casi, dove le piante vanno in sofferenza per il caldo estremo e per lo stress da siccità, si riducono i futuri raccolti rendendo difficile la costituzione di riserve per le annate successive e la situazione peggiorerà per la quantità e per la qualità delle prossime vendemmie. La siccità rende difficile lo stoccaggio del carbonio[16]: una prolungata e grave carenza d'acqua e le alte temperature durante la vendemmia non solo hanno un impatto negativo sulla qualità del raccolto, ma anche sulla durata di vita dei vigneti.

Nelle annate siccitose, c'è da tenere conto della scarsa maturazione del legno e del minor assorbimento del potassio che è favorevole in parte per il quadro acido, ma che potrebbe dare origine a vini meno longevi; inoltre con il deficit idrico la pianta riduce o interrompe la produzione di foglie: questo comporta anche una riduzione del metabolismo e di conseguenza anche il vino avrà un colore meno intenso e meno sostanze aromatiche.

Dopo la vendemmia e fino alla caduta delle foglie, un forte stress idrico riduce la crescita dell'apparato radicale con carenza o assenza di accumulo delle sostanze di riserva nelle stesse.

[16] Il bilancio del carbonio è un processo cruciale che coinvolge l'acquisizione di carbonio tramite la fotosintesi e il suo consumo attraverso la respirazione: il bilancio tra questi due processi determina la crescita, lo sviluppo e la capacità di accumulare sostanze nutritive e composti biochimici importanti. Attraverso la traspirazione, la vite perde acqua dalle foglie e svolge un ruolo essenziale nel bilancio del carbonio. Questo processo permette alle piante di regolare la propria temperatura interna, mantenendola entro livelli ottimali per il funzionamento enzimatico e la fotosintesi, soprattutto in condizioni di stress termico. Quando la traspirazione è efficiente, le piante riescono a mantenere un ambiente interno adeguato, favorendo la fotosintesi e riducendo l'accumulo di calore che potrebbe danneggiare le cellule; inoltre il bilancio del carbonio positivo è fondamentale per l'accumulo e la preservazione di sostanze più complesse, come gli acidi organici e i composti aromatici.

Sembrerebbe però che le piante si siano adattate al regime idrico poco disponibile negli anni o nella stagione, soprattutto se a inizio stagione la disponibilità idrica è limitata. Però non sembrerebbe un andamento solo stagionale, ma pluriennale: lo xilema non si rinnova anno dopo anno, ma è funzionale per diversi anni (si mantiene per 3-4 anni), quindi se ha sofferto negli anni precedenti, mantiene questa conformazione di resistenza.

1.6 Stato idrico: tecniche di rilevamento in campo[17]

La misurazione dello stato idrico permette di valutare il potenziale idrico fogliare e la disponibilità di acqua nel suolo; a tal fine, si può:

- usare il metodo di valutazione di crescita degli apici: con un buono stato idrico, la crescita è regolare, in caso contrario è ridotta o bloccata: se chiudendo l'apice tra le dita, il viticcio supera in altezza l'ultima foglia, significa che è in pieno accrescimento, mentre se sono allineati, l'accrescimento sta rallentando e potrebbe essere sintomo di stress; l'interruzione della crescita è regolata da ormoni, che hanno anche importanti conseguenze metaboliche sulla pianta. Inoltre gli apici di una pianta in buono stato si presentano eretti con la prima foglia espansa piccola e sotto l'apice. Se invece l'apice è tronco e il viticcio secco, significa che il germoglio ha interrotto la sua crescita già da un po'; dopo l'invaiatura

[17] Bigot G, Silvilotti P. Stress idrico - quando aumenta la qualità? 2020. Op. cit.

è un fenomeno normale (Tabella 1.5); inoltre l'angolazione della foglia cambia in funzione dello stress.

- misurare il potenziale idrico fogliare (PLWP) e dello stelo (SWP), che indica lo stato idrico effettivo del vigneto: è un parametro che valuta la forza della foglia nel trattenere l'acqua al proprio interno e un valore negativo indica una situazione di stress per la pianta; vengono utilizzati in molti Paesi viticoli per la gestione dell'irrigazione di precisione e di conseguenza per risparmiare acqua, ma sono alla base anche della calibrazione di altri strumenti di supporto decisionale (sensori di flusso di linfa, termometro a infrarossi, sonde di umidità del suolo); permettono di capire la fisiologia della vite e la composizione degli acini in relazione allo stato idrico della pianta. Il rilievo è da effettuare prima dell'alba perché durante la notte la pianta è arrivata al punto di equilibrio e non c'è termoregolazione, invece nelle ore centrali (12-14), la pianta è al punto massimo di stress (Tabella 1.6): si inserisce

Tabella 1.5 – Indicatori visivi per la valutazione del livello di stress idrico*

Livello di stress	Apice del germoglio	Cirri apicali	Angolo lamina fogliare con l'orizzontale	Foglie basali	Acini
nessuno	verde	appressati all'apice	< 45°	verdi	turgidi
lieve	verde	allargati dall'apice	46 - 60°	verdi	turgidi
severo	giallo / bruno	disseccati	81 - 100°	clorotiche	parzialmente disseccati
molto severo	disseccato	totalmente disseccati	> 101°	abscisse	disseccati

* *Bigot G, Pitacco A. Bilancio idrico e del carbonio in vigneto e sua resilienza. 2022. Op. cit.*

Tabella 1.6 – Potenziale idrico dello stelo (misurato tra le ore 13:30 e le 15:30), e possibile relazione con il livello di deficit idrico della vite. La tabella propone le soglie per la maggior parte delle varietà e dei terroir. Tuttavia, bisogna interpretare questi valori prendendo in considerazione il tipo di suolo, la profondità e il contenuto idrico, le pratiche colturali, il clima e la varietà

Classe	SWP (Ψ_{SWP}, MPa)	Livello di deficit idrico della vite
1	≥ -0.6	assenza di deficit idrico
2	-0.7 a -1.1	deficit idrico da leggero a medio
3	-1.2 a -1.6	deficit idrico da medio a forte (dipende dalla varietà)
4	< -1.6	deficit idrico forte (stress)

la foglia nella camera di Sholander (a tenuta stagna) con il picciolo verso l'esterno, al suo interno si libera un gas (CO_2, O, N) e la pressione aumenta; quando la pressione equilibra la forza con cui la foglia trattiene l'acqua, si vede la linfa che esce dal picciolo della foglia; a questo punto viene bloccato il flusso del gas e si rileva la misura della pressione del manometro. Esistono dei valori di riferimento (potenziale idrico Li) che vanno da 0 a - 0,8 MPa per lo stress lieve, fino a -1,1 MPa per lo stress medio, fino a -1,4 MPa stress medio forte, a -1,6 MPa per lo stress severo, al di sotto di questo valore la pianta fa fatica a sopravvivere (Tabella 1.7). Esiste anche una versione della camera di Sholander molto semplice, come una pompa da bicicletta. La soglia di intervento idrico per le cultivar a bacca bianca è di circa -10 bar (-0,8/-1,0 MPa), mentre per quelle a bacca rossa la soglia è di circa -12 bar (-1,2 MPa). Per esempio, valori di -0,5 MPa al 22/7/2020 nel nord Italia è ancora una situazione ottima per non irrigare.

Un altro metodo simile è lo Stem: si posiziona sulle foglie un "bag" con foglio di alluminio che va a simulare una misura

Tabella 1.7 – Potenziale idrico fogliare all'alba e stato idrico della vite. Le risposte fisiologiche e biochimiche della vite a queste soglie dipendono dalla varietà, dallo stadio fenologico e dalla durata del deficit idrico. (1 bar = 0,1 MPa = 100 KPa)

Classe	Potenziale idrico fogliare all'alba (Ψplwp, MPa)	Livello idrico limite o stress
1	0 MPa $\geq \psi_{plwp} \geq$ -0.3 MPa	assenza di deficit idrico
2	-0.3 MPa > $\psi_{plwp} \geq$ -0.5 MPa	deficit idrico da leggero a medio
3	-0.5MPa > $\psi_{plwp} \geq$ -0.8 MPa	deficit idrico da medio a forte
4	< -0.8 MPa	deficit idrico molto forte (=stress)

di notte per equilibrarle al tralcio e dà una misura più veritiera dello stato idrico di quest'ultimo.

Dallo stato idrico si possono determinare anche le dimensioni dello xilema e l'efficienza d'uso dell'acqua: tassi di fotosintesi alti e di traspirazione bassi indicano una conduttanza bassa dovuta alla ridotta dimensione dei vasi. Lo stato idrico di inizio stagione condiziona lo stato fisiologico e la capacità di adattamento di tutta la stagione della pianta (se fosse possibile bisognerebbe ridurre la disponibilità idrica ad inizio stagione, con l'inerbimento o tecniche che conducono la pianta a minor input).

1.6.1 Tecniche di rilevamento da remoto[18]

I rilievi da remoto (remote sensing) permettono l'acquisizione di informazioni territoriali con sensori che operano a una certa distanza dal target e supportano il rilievo di campo: anche

[18] Bigot G, Cogato A, Modina D. Stress termico ed idrico: tecniche di rilevamento e gestione in vigneto. 2022. *4Grapes,* https://www.facebook.com/4grapes.it/videos/1665031483890327

solo una banale foto aerea permette di individuare le variabilità del vigneto e di risparmiare tempo per i rilievi a terra (vedi per esempio dove prelevare i campioni di suolo ti permette di individuare preventivamente aree e zone di differenze).

Ci sono anche vari strumenti di supporto decisionali per misurare il potenziale idrico della pianta: al momento ci sono sia strumenti a pagamento sia strumenti gratuiti come Irriframe dell'associazione nazionale di bonifica.

Tramite l'imaging termico è possibile correlare la temperatura delle foglie a quella dell'aria, perché sappiamo che quando c'è stress le foglie chiudono gli stomi per risparmiare acqua e riducono al minimo la traspirazione, scaldandosi.

Sicuramente gli strumenti in remoto ci indicano degli allarmi, ma che vanno verificati in campo attraverso le osservazioni sullo stato idrico delle piante, come quelle dell'apice del germoglio e dell'angolo di inserzione tra il lembo fogliare e il picciolo.

Normalized Difference Vegetation Index (NDVI) è uno degli indici di vegetazione più utilizzato, che fornisce indicazioni circa lo stato di salute e la vigoria della pianta (e del cotico erboso, visto che fotografa dal satellite). L'utilizzo di queste mappe permette di vedere prima le situazioni di stress, sia per questioni di tempo sia per metodo, perché comunque quando vedo gli apici o i lembi fogliari non corretti, sono effettivamente già in condizioni di stress idrico.

Ad esempio, è stato utilizzato un sensore multispettrale (Sentinel 2) per foto di spazi di 10 metri indagati a terra su un'azienda di 200 ettari in Australia prima e durante l'ondata di calore ed è stato misurato il SAVI (Soil-Adjusted Vegetation Index) con l'obiettivo di creare mappe con informazioni sullo stato di vegetazione.

Sentinel 2 aiuta molto nel rilevare lo stato di vegetazione della vite (anche del cotico erboso): è stata fatta una prova di correlazione tra le immagini di Sentinel 2 (chioma + cotico) o solo chioma e c'è comunque una correlazione corretta.

1.6.2 Il sesto d'impianto[19]

Il sesto d'impianto è importante per gestire la vigoria delle piante e di conseguenza la parete vegetativa, potendo così adeguare il numero delle piante in base alla continuità della parete che voglio ottenere.

Al momento dell'impianto del vigneto, sarebbero da considerare anche i consumi idrici, infatti una densità d'impianto un po' più bassa consuma meno acqua, che però è da correlare alla dimensione della chioma; normalmente l'apparato radicale è più esteso ed in equilibrio con la produzione. Dipende anche molto dal terreno, poiché in caso di terreno fertile è comunque meglio ridurre il numero di piante per ettaro.

Una certa scuola di pensiero sostiene che gli impianti ad alta densità resistano meglio alla siccità, ma la tradizione delle zone aride e della viticoltura non irrigua dice esattamente il contrario. I pionieri della viticoltura nel XIX secolo in California piantavano con sesti molto larghi, meno di 1.000 viti per ettaro, mentre con la diffusione dei sistemi di irrigazione c'è stato un progressivo aumento del numero di piante per ettaro.

Il "modello viticolo Champagne" è il corrispettivo in viticoltura del modello "mais a foglie erette e a semina fitta", ha

[19] Bigot G, Intrigliolo D. S. La gestione dello stress idrico in vigneto. 2022. *4Grapes,* https://www.facebook.com/4grapes.it/videos/1607537219640625.

grande superficie illuminata, grande produzione di biomassa, grande consumo sia di acqua sia di nutrienti, e grande esplorazione del suolo da parte delle radici.

Gli impianti fitti sono indubbiamente difficili da gestire e più esigenti in termini idrici, ma è errato dire che sono inutili per produrre un vino di qualità. Infatti questa è relazionata non solo al numero di viti, ma al numero di foglie e grappoli per unità di superficie esposta al sole e al vento, che determina il consumo idrico; questo fattore dipende anche dal vigore delle piante, dalla forma e dalla gestione della chioma.

1.6.3 L'apparato radicale e i portainnesti[20]

Nel bilancio idrico diventa fondamentale anche lo sviluppo radicale perché cambia il volume di acqua che può essere assorbito ed entrano in gioco i tipi di portainnesto, anche se bisogna stare attenti a condizioni alterne tra stress ed eccessi idrici, perché i portainnesti resistenti alla carenza idrica si comportano da piante vigorose con disponibilità di acqua (vedi cosa è successo in alcune zone del Piemonte nella stagione 2024). Nei nuovi impianti, le viti dovranno avere un apparato radicale molto profondo e sviluppato, resistente alla siccità, per cui andrebbero scelti portainnesti con sviluppo radicale fittonante, quali il 41B, 110 Richter e 140 Ruggeri (resistenti anche alla clorosi ferrica). Gli stessi nuovi impianti dovranno naturalmente essere realizzati con la densità minima prevista dal disciplinare di produzione (normalmente 3.300 ceppi ad ettaro). La spinta ad eseguire impianti molto

[20] Bigot G, Intrigliolo D. S. La gestione dello stress idrico in vigneto. Op. cit.

fitti, come erano stati suggeriti fino a poco tempo fa, va ridimensionata nell'ottica della gestione idrica.

È comunque da tener conto che piante irrigate hanno una maggiore quantità di radici rispetto a piante non irrigate, quindi un migliore stato idrico aiuta a produrre un buon apparato radicale, soprattutto negli impianti giovani.

1.7 Irrigazione

Con l'incremento delle temperature, sembrano destinati ad aumentare i fenomeni di stress idrico severo, con inevitabili ripercussioni sulla resa e sulla qualità delle uve, lo stile e la personalità dei vini, e nei casi più estremi sulle potenzialità viticole dei territori. Tra le diverse tecniche disponibili per aumentare la resilienza dei vigneti a queste condizioni, l'irrigazione rappresenta una strategia a lungo termine adatta a rispondere ad alti livelli di deficit idrico; il diniego di tale pratica in viticoltura pare quindi sempre di più un vincolo anacronistico e al suo posto è da considerare un corretto uso della risorsa idrica.

Negli ultimi anni, soprattutto nei vigneti ubicati in zone con terreni sciolti, si sono visti realizzare diversi pozzi per l'approvvigionamento di acqua e per gli impianti di irrigazione, collegati ad essi oppure a depositi di vasche[21] rifornite da sorgenti, fontane, tettoie (in questo ultimo caso, trattasi di acqua piovana)[22].

L'acqua non deve però rappresentare una tecnica colturale di forzatura (che si manifesta nel caso più classico con l'irri-

[21] Contenitori di acqua flessibile per l'irrigazione - flexible storage water www.labaronne-citaf.eu o ecotank.

[22] Modina D. Irrigazione di precisione: supporto alle decisioni e rateo variabile nel progetto VIRECLI. 2021. *MilleVigne,* 4.

gazione a scorrimento); non è inoltre utile ai fini qualitativi quando viene adottata in situazioni di stress estremi e infine deve essere impiegata in modo da ottimizzare la sua efficienza, in quanto si tratta di una risorsa limitata (Tabella 1.8). Numerose ricerche in diverse aree viticole mondiali dimostrano che in un vigneto irrigato secondo strategie di un deficit idrico controllato, viene migliorato il rapporto quantità-qualità della

Tabella 1.8 – Schema di gestione dello stress idrico per vini di qualità*

Stadio fenologico	**Schema di gestione dello stress idrico per vini rossi di qualità**	**Schema di gestione dello stress idrico per vini bianchi di qualità**
Germogliamento - allegagione	se non si vuole ridurre la compattezza del grappolo, o il rapporto polpa/buccia, è meglio essere in assenza di stress	se non si vuole ridurre la compattezza del grappolo, o il rapporto polpa/buccia, è meglio essere in assenza di stress
Allegagione - invaiatura	in base al vigore del vigneto, si può ridurre l'attività vegetativa che penalizza l'attività di maturazione intervenendo con uno stress moderato-lieve	in base al vigore del vigneto, si può ridurre l'attività vegetativa che penalizza l'attività di maturazione intervenendo con uno stress lieve
Invaiatura - maturazione	lo stress dovrebbe aumentare per far accumulare più soluti e sbilanciare a favore della buccia il rapporto polpa/buccia arrivando uno stress medio-elevato	lo stress dovrebbe aumentare ma di poco, per velocizzare la maturazione ma non penalizzare l'accumulo aromatico, uno stress lieve-medio sarebbe ideale
post-raccolta	bisogna tornare regolarmente a non avere stress di alcuni tipo e irrigare se necessario appena raccolto, per facilitare l'accumulo di sostanza di riserva	bisogna tornare regolarmente a non avere stress di alcuni tipo e irrigare se necessario appena raccolto, per facilitare l'accumulo di sostanza di riserva

* *Interdorato S. Irrigare la vite in base all'obiettivo enologico prefissato. 2021. Vite&Vino, 3*

produzione, oltre che l'equilibrio vegetativo e produttivo rispetto ad un vigneto genericamente stressato.

Per irrigare, è quindi necessario individuare un periodo corretto, cioè quando il potenziale idrico è di -0,8/-1,1 MPa, e una quantità da distribuire adeguata, in relazione al fabbisogno idrico da restituire[23]. Mediamente sappiamo che i cambiamenti metabolici (in particolare del metabolismo secondario) avvengono quando la pianta viene mantenuta al 50% dell'evapotraspirato; percentuali superiori servono alla pianta per mantenere la sua fisiologia e per una produzione più elevata.

L'irrigazione non dovrebbe essere giornaliera, ma una o massimo due volte a settimana, è però da relazionare al tipo di suolo e alla sua permeabilità.

Tra allegagione e invaiatura, sarebbe ideale una certa quota di stress idrico, altrimenti si avrebbero previsioni di bacche più grandi (più per la divisione che per l'espansione cellulare).

1.7.1 I punti critici dell'irrigazione

L'acqua è destinata a diventare sempre più scarsa e contesa tra l'uso industriale, civile e agricolo, con all'interno di quest'ultimo settore una competizione sempre maggiore tra le diverse colture.

Inoltre, un'ottimale applicazione della tecnica d'irrigazione richiede diverse informazioni in modo da stabilire una strategia coerente con gli obiettivi enologici che si vogliono raggiungere; occorre anzitutto fissare le soglie di intervento su cui modulare tempistiche e volumi di irrigazione, tenendo peraltro conto che il fabbisogno idrico della vite varia sia nel corso

[23] Meggio F. La fisiologia della vite in caso di stress. Op. cit.

della stagione sia all'interno degli stessi appezzamenti e delle diverse varietà.

1.7.2 Sistemi di irrigazione[24]

Il migliore sistema di irrigazione, dopo anni di esperienze nelle diverse aree viticole mondiali, risulta essere la sub-irrigazione (sottoterra). Questo sistema garantisce un maggior risparmio di acqua rispetto all'irrigazione a goccia fuori suolo (nei terreni franco-sabbiosi si arriva a risparmiare fino ad un 25%), un miglioramento dell'efficienza dell'uso dell'acqua a favore dell'uva rispetto al legno, un minore sviluppo delle erbe infestanti. Di contro, ci sono maggiori costi di impianto, la possibilità di occlusione dei gocciolatori e la difficoltà di intervento in caso di perdite d'acqua dalle ali gocciolanti.

Il secondo miglior sistema, e il più pratico, oltre che maggiormente adottato nel nostro territorio, è quello a goccia, con la rete di distribuzione disposta direttamente sul suolo o sospesa a varie altezze.

Tutti i sistemi, per essere validi, devono permettere una buona suddivisione dei turni e dei settori.

È inoltre necessario determinare la quantità di acqua da distribuire, che deve essere relazionata all'andamento stagionale e alle caratteristiche del terreno. Mediamente, si distribuiscono 15-25 litri per pianta, per garantire che penetri in profondità e allarghi lo spettro di distribuzione, contribuendo anche a regolare la temperatura del suolo: l'intervento andrà ripetuto alla successiva necessità da parte della pianta.

---

[24] Bigot G, Silvilotti P. Stress idrico - quando aumenta la qualità? Op. cit.

Il sistema di irrigazione per aspersione (o sopra chioma) è di minor efficienza, però ha potere climatizzante e permette di preservare maggiormente gli acidi organici, in particolare l'acido malico, e alcuni tioli volatili; richiede un'attenta gestione, soprattutto nelle varietà a grappolo compatto, a causa del rischio di insorgenza di marciumi. Richiede inoltre grandi quantità di acqua e di lavoro per la movimentazione delle tubature.

L'irrigazione a scorrimento è invece sconsigliata per gli effetti negativi sullo sviluppo delle viti, per l'impiego di grandi quantità di acqua, per il dilavamento delle sostanze nutritive e per l'erosione superficiale del suolo (Tabella 1.9).

In caso di emergenza si può ricorrere all'uso di una botte[25] trainata, seppur sia notevolmente dispendioso e l'ap-

Tabella 1.9 – Confronto tra le diverse tipologie di impianto irriguo (Acquafert)

Tipologia impianto irrigazione	Aspersione chioma	Microirrigazione sottochioma	Microirrigazione a goccia	Subirrigazione
rapporto irrigazione (mm/ora/ha)	9,5	6,0	1,3	1,3
durata tot irrigazione (ore/ha/stagione)	18-22	26-31	100-120	85-110
quantità di acqua (m^3/ha/stagione)	1.800-2.100	1.600-1.900	1.300-1.600	1.100-1.500
efficienza metodo irriguo	60-75%	75-85%	93-97%	95-98%

[25] Irrigazione della chioma con atomizzatore: per apportare 5 mm corrispondente a una pioggerellina sull'area di suolo interessata da una pianta

porto idrico difficilmente raggiunga gli strati profondi del suolo.

1.7.3 Progettare l'impianto d'irrigazione

Per progettare un impianto di irrigazione, è necessario svolgere un'accurata analisi delle caratteristiche del suolo e della loro variabilità all'interno del vigneto[26], anche attraverso tecniche geofisiche di ultima generazione basate sull'acquisizione della resistività elettrica del suolo.

Per esempio, nel caso di irrigazione a goccia la struttura del terreno influenza in maniera determinante il comportamento dell'acqua e la forma del cono di cipolla: su un terreno argilloso, la goccia tende ad allargarsi e penetra in tempi lunghi (4 mm/h), mentre nei terreni sciolti o sabbiosi la goccia tende a rimanere più stretta e l'acqua percola più rapidamente (50 mm/h). Di questo ne va tenuto conto anche per decidere la distanza del passo dell'impianto di irrigazione poiché in terreni argillosi posso avere più distanza e meno portata, mentre su un terreno sabbioso devo avere un passo più stretto e una portata maggiore.

Inoltre la conoscenza della struttura del suolo consente anche di comprendere la risalita capillare della sub-irrigazione in quanto questo sistema non si presta bene ad alcuni terreni e sugli impianti nuovi (meglio un impianto d'irrigazione superficiale).

---

dovresti apportare almeno 2.500 l perché 1 mm = 1 L/m^2 di suolo.

[26] L'irrigazione si dovrebbe prevedere in ambienti con assenza di pioggia e fino a 400 mm di acqua/anno (California).

Inoltre bisogna tenere conto che la capacità idrica è strettamente connessa alla sostanza organica umificata dato che i colloidi esercitano un effetto "spugna".

Ai fini delle statistiche relative all'irrigazione viene utilizzato il Crop Water Stress Index (CWSI - un indice termografico legato allo stato idrico della pianta).

Quindi supportata dai dati preliminari raccolti, la progettazione dell'impianto a goccia deve tenere conto di un rateo variabile e conseguentemente anche dei sistemi di supporto alla decisione (SSD).

1.8 Gestione agronomica dello stress idrico

Il suolo rappresenta una componente molto importante nella gestione dello stress idrico e un buon microbioma, il contenuto di elementi nutritivi e la capacità di trattenere CO2 e acqua permettono al suolo di:

- diminuire l'erosione;
- incrementare la presenza di sostanza organica;
- aumentare la capacità idrica;
- ridurre il compattamento;
- aumentare la biodiversità.

È da tenere anche contro che:

- la struttura del terreno influisce nel mantenimento dell'acqua;
- la materia organica regola e fornisce elementi minerali e acqua;
- la vitalità biologica migliora l'assimilazione minerale e idrica;

- la sostanza organica va incontro a degradazione più rapida con l'aumento di radiazione solare e temperatura (negli ultimi anni la mineralizzazione della sostanza organica è passata dal 2% al 2,2-2,5%).

Una soluzione alternativa all'irrigazione potrebbe essere rappresentata dalle lavorazioni superficiali sulla fila, intervenendo con mezzi meccanici in grado di rompere i primi centimetri del suolo, ripetendo l'operazione più volte nel corso della stagione estiva; invece le grosse lavorazioni del terreno sono da evitare in quanto riducono la sostanza organica.

Le lavorazioni superficiali sulla fila hanno i seguenti effetti:

- interrompono la perdita di acqua per risalita capillare nel terreno, con immediati ed evidenti vantaggi in termine di risparmio idrico;
- puliscono il filare dalla presenza di essenze erbacee che potenzialmente potrebbero entrare in competizione con il vigneto;
- svolgono una azione di "disturbo" nei confronti delle radici delle viti, che pertanto vengono stimolate a svilupparsi negli strati più profondi del terreno;
- favoriscono la capacità di invaso e assorbimento dell'acqua piovana rispetto al terreno lasciato interamente inerbito o diserbato.

Di contro, la lavorazione superficiale ha i seguenti aspetti da considerare:

- lungo il filare lavorato non abbiamo un importante accumulo di sostanza organica che possiamo invece verificare lungo i filari inerbiti e sfalciati;

- nei periodi estivi, il movimento della terra può comportare una rottura dei capillizi radicali, che sono i più importanti per l'assorbimento dell'acqua, e causare pertanto un ulteriore effetto di stress per le piante;
- gli interventi hanno un costo energetico derivante dalla movimentazione delle macchine, oltre che un costo di acquisto e ammortamento delle attrezzature.

Le lavorazioni superficiali del suolo potrebbero riguardare la scalzatura, seguita da rincalzatura, oppure dalla fresatura o dalla zappatura. La scalzatura seguita da rincalzatura va fatta normalmente in primavera (aprile-maggio) e ripetuta in estate (giugno-agosto); la fresatura o la zappatura vengono effettuate in primavera e ripetute durante l'estate in un numero di interventi legato all'andamento stagionale. Queste tecniche sono state adottate da secoli in tutte le aree agricole più esposte alla siccità, perché funzionano bene e nell'obiettivo di preservare la disponibilità idrica del suolo, danno buoni risultati. Negli ultimi anni, la meccanizzazione ha portato anche altri attrezzi tipo lametta, rollhacke e fingerhacke.

Nel nostro ambiente, le interfile vanno valutate in base alle condizioni ambientali e climatiche del vigneto; per esempio, in terreni molto sciolti e ciottolosi si può prevedere una fresatura o estirpazione superficiale alterna delle interfile, tenendo conto che l'inerbimento tra le interfile influisce non poco sui consumi idrici del suolo.

Un sotto-filare sfalciato di frequente comporta l'apporto nel terreno di sostanza organica con basso contenuto di lignina e quindi velocemente mineralizzabile. L'apporto di sostanza organica in questi casi non è elevato, mentre notevole è l'esposizione all'erosione e alla dispersione idrica. Un sotto-filare sfalciato a fioritura completa comporta invece un'alta presenza di lignina, in grado di rallentare la decomposizione della sostanza organica, favorendone l'accumulo; questa, insieme agli steli semilegnosi delle essenze erbacee, agisce come una pacciamatura organica, favorendo l'assorbimento dell'acqua piovana ed ostacolando successivamente la sua evaporazione. La superficie fogliare del cotico erboso è anch'essa naturalmente soggetta ad evapotraspirazione, ma l'osservazione diretta in vigneto dimostra quanto questa sia inferiore rispetto ai tagli frequenti e rasi sul suolo. L'inerbimento prolungato fino alla fase della fioritura delle essenze erbacee svolge un altro importante effetto collaterale perché esso costituisce un ambiente favorevole alla proliferazione degli insetti utili, rappresentati soprattutto da Sirfidi, Coccinelle, Imenotteri parassitoidi e Crisope; questi insetti contribuiscono in modo importante al controllo dei fitofagi, soprattutto delle larve di lepidotteri (Tignolette, tignole, eulia, ecc.), acari e tripidi.

Con il diserbo nel sotto-filare e non lavorandolo superficialmente, viene favorita la risalita capillare dell'acqua, con l'esposizione delle viti al deficit idrico. Un ulteriore svantaggio è rappresentato dal fatto che le radici delle stesse viti si sviluppano negli strati più superficiali del suolo e pertanto più esposte alle maggiori temperature estive.

Rispetto ad una lavorazione superficiale, il consumo idrico dell'inerbimento totale è maggiore, come lo è la competizione nei confronti della vite.

1.9 Stress idrico e termico: le prove in Israele[27]

Le condizioni climatiche in Israele vedono temperature alte e una forte radiazione solare, a cui si associa un'elevata traspirazione.

Le prove condotte hanno rallentato lo sviluppo aromatico e l'accumulo zuccherino attraverso irrigazioni continue nelle fasi finali della maturazione, unite alla protezione dei grappoli e all'utilizzo della pacciamatura del suolo (al 90% in plastica perché quella naturale, come la paglia, al momento non funziona).

Durante la stagione, la superficie della parte più esposta dell'acino arriva a 45-50 °C ogni giorno per circa 2 mesi e praticamente cuoce, con decadimento qualitativo dell'uva e con enorme difformità (anche di 25°C) tra la parte esposta e quella meno esposta del grappolo.

Le prove condotte prevedevano la riduzione della temperatura dell'uva attraverso reti di plastica disposte a tunnel, con dimensioni e colori diversi. È stato così ottenuto un immediato miglioramento delle condizioni del grappolo, con omogeneità della temperatura tra la parte esterna e quella interna – si parla di pochi gradi di sbalzo – con riscontro subitaneo sull'equilibrio metabolico; questo ha comportato anche un miglioramento del contenuto di antociani e del quadro acido, con riduzione del grado zuccherino.

È stata provata anche una variazione della gestione della chioma per usare le foglie come protezione al posto delle reti: è stata modificata la VSP (Vertical Shoot Position), con una incidenza di 30° valutando di aprire e chiudere usando una parete modula-

[27] Bigot G, Fait A. Stress idrico e termico: quali conseguenze per la vite e l'uva? 2022. *4Grapes*, https://www.facebook.com/4grapes.it/videos/573689911036783.

re di angolazione della chioma, per aiutare l'ombreggiatura delle uve presenti al suo interno, ma a livello di acino ci sono state comunque delle bruciature, perché di fatto non chiudi del tutto la chioma dato che non crei il tunnel che si forma con la rete.

È stata condotta una prova varietale in vigneti sperimentali in due zone del deserto, una più calda e una più fredda, dove le fasi fenologiche, a parità di vitigno, erano rallentate nella zona più calda, in particolare l'invaiatura e la maturazione.

Generalmente si pensa che tutti i vitigni matureranno più velocemente e meglio, invece, visto l'esperimento, alcuni vitigni non saranno più coltivabili e dipenderà dalle varietà e da come risponderanno. Le varietà bianche sembrano più "adatte" al cambiamento climatico verso il clima caldo, avendo una fenologia normalmente più precoce si fermano prima, esponendosi così meno alle condizioni di caldo torrido che invece soffrono le varietà con fenologia più tardiva.

Da queste ricerche emerge che bisognerebbe essere più elastici verso il futuro e verso varietà tolleranti, lasciare sistemi di allevamento classici VSP verso Gobelet, rivedere la densità d'impianto, la gestione stagionale, la gestione della parete (training system) e la scelta dei portinnesti (anche in zona arida si usa il 140 Ruggeri, ma si stanno facendo delle prove di comparazione tra Richter, Paulsen, Ruggeri e SO4 anche per la salinità, usando come vitigno il Syrah che è un marker per la siccità).

1.10 Stress estivi

Le annate caratterizzate da estati calde e aride pongono l'attenzione sul controllo della maturazione dell'uva e sulla protezione dei danni da fotoinibizione cronica a carico delle foglie e da avvizzimento e scottature sui grappoli. Un altro motivo di preoccupazione deriva anche dalla crescente frequenza di fenomeni meteo estremi quali "ondate di calore" che si verificano solitamente in estate e che si caratterizzano da una serie di giornate consecutive decisamente calde con temperatura dell'aria superiore a 35 °C.

La mancanza di interventi efficaci rende sempre più frequenti decorsi della maturazione accelerati, perdita di colore e fenoli, disidratazione spinta degli acini e scottature, con sintesi di aromi sbilanciata verso i sentori specifici della surmaturazione, oltre a cali significativi nelle rese produttive. Nel nuovo contesto climatico, gli stress estivi, sia singoli che multipli, sono divenuti più frequenti e intensi e capaci di indurre fotoinibizioni croniche a carico delle foglie, cui seguono clorosi e necrosi. Questo tipo di stress, preceduto da fenomeni di "down regulation photo-assimilate", cioè da riduzioni intense e durature di fotosintesi netta, specie durante le ore centrali della giornata, merita grande attenzione, poiché riduce l'efficienza del vigneto, la produttività delle piante, il reintegro delle riserve nutrizionale e compromette la composizione dell'uva.

A livello fogliare, la resistenza massima della fotosintesi è a 35-37°C, ma senza eccessi luminosi, con un blocco che avviene intorno ai 40° C, portando la vite in condizioni molto critiche; sapendo che la temperatura di una foglia esposta è mediamente di 6°C superiore a quella dell'aria, potremmo affermare che con le condizioni estive attuali la fotosintesi inizia all'alba e finisce alle 12 circa lavorando così mezza giornata (!).

Il sole fornisce la luce per la fotosintesi, quindi è necessario ma porta anche raggi infrarossi che sono diventati nocivi, poiché la troposfera si è modificata e di notte non li rilascia, con minime alte e di conseguenza anche le massime.

1.11 Eccessi termici

Temperatura dell'aria superiore a 35 °C, pur non accompagnate da carenza idrica, possono causare disidratazione spinte e danni da scottature a carico dell'uva, mentre raramente sono responsabile di danni significativi delle foglie.

Il problema delle scottature solari a carico degli acini risulta svincolato dal genotipo e/o dal contenuto idrico del suolo. Il perché di questo diverso comportamento risiede nelle modalità di trasporto dell'acqua all'interno dei due organi: nelle foglie l'apporto idrico mediante sistema xilematico è indipendente dalla fase fenologica e i meccanismi preposti alla termoregolazione operano efficacemente; negli acini invece, a causa della perdita di funzionalità dei vasi xilematici già all'invaiatura, il flusso di acqua è principalmente di natura floematica. L'acino si viene quindi a trovare in una condizione di semi isolamento idraulico dalla pianta ed ogni qualvolta la domanda evaporativa dell'ambiente diviene particolarmente forte, come ad esempio con temperature superiore a 35 °C e umidità relativa dell'aria inferiore al 50%, gli acini esposti direttamente ai raggi solari sono facilmente soggetti ad eccessive e continue perdite di acqua per evaporazione, soprattutto cuticolare. La difficoltà a reintegrare rapidamente tali perdite conduce a diminuzione del turgore, del volume e del peso dell'acino con fenomeni di avvizzimento. A dimostrazione di ciò, vi è il fatto che molto spesso i grappoli permanentemente ombreggiati e/o le porzioni dei grappoli in ombra, ovvero gli acini che si trovano nella parte diametralmente opposta a quella esposta ai raggi solari, mantengono un accettabile turgore cellulare, mentre la porzione di grappolo rivolta all'esterno e quindi direttamente esposta ai raggi solari e agli eccessi termici mostra vistosi fenomeni di raggrinzimento e/o imbrunimento spesso associati anche a necrosi. Accade frequentemente di riscontrare nell'ambito dello stesso vigneto e anche della stessa vite, sia grappoli perfettamente turgidi, poiché inseriti all'interno della chioma e protetti dalle foglie durante le ore più calde della giornata, sia grappoli parzialmente disidratati, perché situati all'esterno della chioma, privati della protezione delle foglie ed esposti all'azione diretta della radiazione solare.

1.12 Stress multipli: idrico e radiativo

Nei periodi estivi particolarmente caldi (ad esempio negli anni 2023, 2022, 2017, 2015, 2012, 2009, 2007, 2003) un problema serio, arduo da contrastare in vigna, è dato dalle alte temperature che foglie e acini mostrano nelle ore più calde, con valori di oltre 49-50 °C (ben 8-10 °C in più rispetto alla temperatura dell'aria).

Ciò causa il blocco dell'attività fisiologica, con alterazioni del metabolismo respiratorio, e l'avvio di fotoinibizioni croniche con clorosi e necrosi a carico dei tessuti. La tipica scottatura si verifica solitamente a seguito di un'infelice combinazione di eccesso radiativo, alta temperatura e aumento della radiazione ultravioletta (UV). L'uva esterna alla chioma subisce quindi disidratazioni spinte e scottature e diviene pertanto non utilizzabile. A questi livelli termici, i tessuti perdono la capacità di dissipare con efficacia l'energia in eccesso e i meccanismi preposti a tale funzione collassano; si osserva anche destabilizzazione delle membrane, denaturazione delle proteine e accelerata morte delle cellule del pericarpo. Scottature significative si sono verificate anche in presenza di una illuminazione di bassa intensità, ma quando la temperatura è salita fino a 38 °C; acini di colore scuro esposti alla luce possono raggiungere un livello termico di 5 °C superiore a quello misurato su acini di vitigni bianchi.

Caratteristica trasversale su tutti i grappoli, indipendentemente dalla colorazione, è che in condizioni di elevata compattezza e di acini grandi, è favorito il surriscaldamento presumibilmente a causa della minore circolazione di aria all'interno del grappolo. In linea di massima, una chioma in buono stato idrico e, quindi in grado di sostenere una buona traspirazione, avrà, a livello microclimatico, la temperatura più bassa e l'umidità relativa più elevata, condizioni che possono attenuare il rischio di scottature.

Nel periodo antecedente l'invaiatura, stress idrici possono compromettere l'aumento di dimensione della bacca (berry shrinkage).

Con l'instaurarsi dell'invaiatura, la strategia di auto-difesa della vite nei confronti delle scottature subisce un rapido cambiamento: prima è basata sull'azione foto-protettiva dei carotenoidi, poi si sposta sull'accumulo di composti fenolici (antociani e flavonoli in particolare), di ascorbato e di glutatione. In questa fase, si rischia necrosi degli acini, in particolare della punta e delle ali, raramente tutto il grappolo.

Dopo l'invaiatura, la traspirazione dell'acino avviene quasi interamente per perdita idrica attraverso la cuticola e a differenza di quanto avviene per la foglia, munita di organi specifici per la traspirazione (gli stomi), all'aumentare della domanda traspiratoria, la perdita idrica dell'acino non aumenta in modo lineare.

Inoltre a causa di un deficit idrico severo e prolungato, la chioma può subire un vistoso calo del vigore che, inevitabilmente aumenta il grado di esposizione dei grappoli a luce ed elevate temperature.

Risultato: fisiologia di base azzerata, rese produttive basse, qualità compromessa e seri rischi di disseccamento delle viti.

In tali condizioni, sono state testate applicazioni del caolino con funzione sunscreen su Sangiovese e Pinot nero che hanno consentito di limitare i danni da stress da calore preservando l'integrità dei tessuti fogliari, la fisiologia di base e alcuni elementi chiave della qualità, quali antociani e acidi organici.

1.12.1 Il caolino[28]

Il caolino è un'argilla bianca ed è in grado, una volta irrorata sulla chioma, di produrre un vero e proprio effetto "sunscreen", cioè riflette parte della radiazione solare, incluso l'infrarosso: in questo modo è in grado di ridurre la temperatura dei tessuti (fino a oltre 5-6 °C). Mediamente, questi risultati si ottengono coprendo la vegetazione con 20-25 kg/ha (a concentrazione 5-6%; al 9% c'è effetto antitraspirante).

Il caolino è un formulato ottenuto dalla lavorazione delle rocce sedimentarie contenenti caolinite ed alla fine del processo produttivo consiste in una polvere estremamente bianca a base di silicati di alluminio; esistono differenti tipi di formulati commerciali, i cui parametri distintivi sono colore, come bianco vivido, color gesso, anche tendente al blu, e dimensione delle particelle, dove un'elevata percentuale di particelle con diametro <2 micron ha maggiori capacità riflettenti. La purez-

[28] Frioni T, Bonicelli P. G, Cunial L, Barmpa D. M, Gatti M, Poni S. Un approccio tecnico all'uso del caolino per contrastare gli stress estivi in vigneto. 2023. *MilleVigne,* 2 (12-16).

za ottimale del prodotto è del 100%.

Per le sue proprietà fisiche, il caolino non è solubile e quando viene aggiunta all'acqua crea una sospensione; in seguito all'irrorazione sulle chiome e all'evaporazione dell'acqua, le particelle di caolino si depositano sui tessuti della vite e formano un film bianco altamente riflettente.

Inoltre, al fine di contenere le dosi, può essere proficuo utilizzare il caolino non su tutto il vigneto ma soltanto sulle pareti dei filari assolati nel pomeriggio poiché più sensibili agli stress di calore.

Quando agire? Tecnicamente l'applicazione del caolino può essere eseguita monitorando le temperature dell'aria, utilizzando per esempio la formula dell'Australian Grape and Wine Authority, ovvero iniziare a trattare quando la temperatura massima supera i 40 °C per almeno un giorno o se la stessa supera 35 °C per 2-3 giorni consecutivi; ovviamente dopo ogni pioggia l'efficacia del prodotto diminuisce ed è necessario un nuovo trattamento.

Nel 2018, il gruppo del Professor Palliotti ha provato il caolino al dosaggio a 3 % - 6% -9%: primo trattamento il 24 luglio, poi rifatto il 31 poiché aveva piovuto 8 mm; tutti e tre hanno ridotto di circa 3 °C la temperatura (controllo 35 °C e le 3 prove da 31,9 °C a 32,3 °C); con il dosaggio al 3% ha mantenuto 2-3 micromole di fotosintesi in più rispetto a 6-9%, mentre il controllo era già ridotto, inoltre non c' è stata nessuna modifica della conducibilità stomatica, il che porta ad una maggior efficienza dell'uso idrico nella tesi 3%.

In vendemmia, non è stata vista nessuna grossa differenza tra le tesi 3-6-9%, ma rispetto al testimone aziendale hanno ottenuto 0,5 grammi di acidità titolatile in più e il 20% in più di antociani. Anche nel 2017, con temperature della chioma tra

48 e 49 °C, il caolino è riuscito ad avere delle riduzioni tra i 4 e i 6 °C, mantenendo preservate le piante rispetto all'aziendale; in post vendemmia le foglie trattate con caolino mostravano maggior efficienza dell'aziendale.

Quindi la concentrazione ottimale è del 3% di caolino consente:

- di limitare i danni da calore (T > 35 °C) - sunscreen - riducendo la temperatura dei tessuti fogliari fino a 7-8 °C;
- di preservare l'attività fotosintetica e potenzia il WUE;
- tutela l'integrità dei tessuti fogliari limitando le fotoinibizioni croniche;
- di avere il pieno recupero della fisiologia di base una volta passata l'ondata di calore;
- di preservare antociani, acidi organici e peso acini;
- è un prodotto naturale che non richiede particolari attrezzature e/o professionalità.

Recentemente, un interessante lavoro su Sangiovese ha chiarito che su viti irrigate, la temperatura fogliare non è variata in modo significativo in presenza di caolino; viceversa in presenza di stress progressivamente più intenso e in cui le viti in vaso erano state private di qualsiasi apporto irriguo, il trattamento con caolino ha consentito negli ultimi tre giorni di stress, di mantenere una temperatura fogliari di 2,7 °C inferiore a quella della tesi corrispondente non trattata.

Inoltre è stata avvalorata la funzione da "salvavita", preservando la funzionalità fogliare, seppur minima, e soprattutto consentendo alla foglia, nel caso di una successiva reidratazione, di poter ripristinare buoni livelli di funzionalità. Ad esempio, alla vendemmia la tesi non trattata e stressata presentava nella zona basale del germoglio (nodi 1-4) una notevole fillop-tosi con valori di superficie fogliare decisamente inferiore rispetto a quelli rilevati nella corrispondente zona del germoglio nella tesi irrorata con caolino; si nota anche che il trattamento, in presenza di stress idrico, consente una sostanziale tenuta della concentrazione di antociani totali rispetto alla tesi priva di caolino.

Si evidenzia che, svolgendo un'azione tipicamente climatizzata, i parametri che vengono preferenzialmente modificati sono tutti quelli che rispondono in maniera prevalente alla temperatura ovvero polifenoli e acido malico.

Il caolino si impone come un importante fattore di resilienza idrica del vigneto che unisce efficacia di azione, semplicità di utilizzo e costo contenuto. Quando il caolino è utilizzato su chiome che stanno subendo una situazione di stress multiplo estivo, la sua azione si diversifica: in particolare in condizioni di stress idrico fogliare rilevante (potenziale idrico del fusto compreso tra -1,2 e -1,6 MPa), emerge la capacità del caolino di mantenere, rispetto a viti stressate non trattate, una discreta e residua attività fotosintetica, che tipicamente si accompagna anche ad un sostanziale incremento di efficienza di uso dell'acqua. Se un leggero decremento fotosintetico può essere utile per rallentare una maturazione zuccherina troppo veloce, al medesimo tempo l'effetto di raffrescamento esercitato consente invece di simulare la sintesi degli antociani realizzando quindi l'obiettivo di riduzione del disaccoppiamento tra maturazione tecnologica e fenolica.

Anche nell'ambito del progetto ResilVigna presso un vigneto di Barbera dei Colli Piacentini, le viti trattate con caolino si sono dimostrate in grado di mantenere tassi fotosintetici più elevati rispetto a quelle non trattate, esibendo un peso della

Tabella 1.10 - Dati analitici al momento della vendemmia delle uve trattate e non con caolino

Esposizione	Trattamento	Peso bacca (g)	Zuccheri (°Bx)	Ac. Titolatile (g/l)
Sud	controllo	1,46	27,2	8,9
	caolino	1,89	24,2	8,7

Esposizione	Trattamento	pH	Antociani (mg/g)	Polifenoli (mg/g)
Sud	controllo	3,18	1,07	2,33
	caolino	3,22	1,27	2,25

bacca superiore, meno zuccheri e una maggiore concentrazione di antociani e polifenoli (Tabella 1.10).

In generale, l'adozione di formulati a base di caolino può essere particolarmente indicata in tutti quei casi nei quali sia necessario anche rallentare la maturazione. Sono numerosi i contributi che dimostrano l'efficacia della polvere di roccia nel mantenere chiome funzionali e uve con miglior equilibrio tra le varie componenti che contribuiscono a determinare la qualità dei vini (Tabella 1.11).

Tabella 1.11 - Lista dei contributi scientifici relativi a sperimentazioni svolti in Italia che riportano l'efficacia del caolino nel proteggere le chiome i grappoli dagli stress estivi

Autori	Zona	Vitigno	Tipologia di stress	Effetto del caolino su chioma	Effetto del caolino su grappoli
Brillante et al. (2016)	Calabria	Cabernet Sauvignon	stress idrico imposto	miglioramento dell'efficienza dell'uso dell'acqua	più zuccheri, vini più apprezzati

Autori	Zona	Vitigno	Tipologia di stress	Effetto del caolino su chioma	Effetto del caolino su grappoli
Palliotti et al. (2017)	Umbria	Pinot Nero	stress multipli estivi	riduzione della temperatura fogliari e mantenimento fotosintesi e traspirazione, miglioramento WUE e mantenimento Fv/Fm	riduzione scottature, miglioramento peso bacca e grappolo, maggiore produttività, maggior acidità titolabile e maggior concentrazione antociani
Frioni et al. (2020a)	Emilia	Sangiovese	stress idrico imposto	mantenimento fotosintesi e traspirazione, miglioramento WUE e mantenimento Fv/Fm	maggior concentrazione di antociani
Frioni et al. (2020b)	Emilia	Sangiovese	stress idrico imposto	aumento della luce riflessa delle foglie	riduzione scottature, miglioramento peso bacca e grappolo, maggiore produttività, maggior acidità titolabile e maggior concentrazione antociani
Valenti et al. (2021)	Emilia	Sangiovese	stress multipli estivi	riduzione della temperatura chiome	riduzione temperatura dei grappoli, maggior acidità titolabile, maggior concentrazione antociani

Autori	Zona	Vitigno	Tipologia di stress	Effetto del caolino su chioma	Effetto del caolino su grappoli
Montevecchi et al. (2021)	Emilia	Lambrusco Salamino	stress multipli estivi	-	riduzione zuccheri e potenziale alcolico, maggior acidità titolabile
Cataldo et al. (2022)	Toscana	Sauvignon Blanc	stress multipli estivi	mantenimento fotosintesi e traspirazione, miglioramento WUE e mantenimento Fv/Fm	riduce la temperatura dell'acino, mantenimento maggior resa, posticipo maturazione, maggior concentrazione preursori aromatici

1.12.2 La zeolite[29]

L'impiego di zeolite sulla chioma ha consentito un miglioramento degli scambi gassosi e conseguente riduzione dei danni da scottatura in viti di Sangiovese sottoposte a stress idrico, termico e radiativo.

La zeolite al 3% si distribuisce sulla chioma a ridosso dell'invaiatura e non apporta microrganismi, ha persistenza ridotta rispetto al caolino e bisogna non trattare a ridosso della vendemmia perché rischia di abbattere il colore (smettere almeno 2 settimane prima della raccolta). Appena dopo il trattamento con la zeolite, la traspirazione si riduce rispetto al testimone,

[29] Bigot G, Valentini G. Caratteristiche delle uve e vinificazione: il ruolo delle scelte viticole e di gestione agronomica del vigneto. 2022. *4Grapes*, https://www.facebook.com/4grapes.it/videos/604390577748406.

Tabella 1.12 – Differenza tra tesi aziendale non trattata e tesi trattata con zeolite

Prova	Aziendale	Zeolite
produzione (kg)	3,91	5,09
peso grappolo (g)	250,9	316,2
peso acino (g)	2,21	2,46
necrosi	0,2146	0,1162
disidratazione	0,0457	0,0265
decolorazione	2,97	5,96
solidi solubili (°Bx)	22,1	21,3
ac. totale (g/l)	7,44	8,26
pH	3,32	3,3
antociani totali (mg/g buccia)	5,53	5,07

ma è una cosa momentanea: successivamente i miglioramenti delle performance fotosintetiche permettono alle foglie di dissipare meglio gli eccessi energetici (migliora la catena di trasporto degli elettroni). Le prove in campo hanno portato parametri molto interessanti come produzione (peso maggiore del grappolo e dell'acino) e riduzione dei danni da scottature, favorendo anche un rallentamento della maturazione (c'è maggior produzione) (Tabella 1.12).

1.12.3 I biostimolanti

Trattamenti su vite a base di estratti dell'alga marina denominata *Ascophyllum nodosum*, abbreviata come ANE, indicano che la pianta è in grado di mantenere valori di fotosintesi e di efficienza di uso dell'acqua più elevate rispetto un controllo non trattato; tuttavia queste caratteristiche tendono a ridursi fino a scomparire quando lo stress diventa particolarmente severo (potenziale idrico del fusto prossimo a -1,6 MPa), ma al momento della reidratazione post-stress, le chiome trattate con ANE mostrano un recupero fotosintetico particolarmente pronto rispetto al controllo non trattato. Questi dati parrebbero indicare ANE come strumento utile per preparare la vite ad episodi di stress e per meglio salvaguardarne la capacità di ripresa nel momento in cui una normale dotazione idrica viene ripristinata; il trattamento induce una minore reattività stomatica, ovvero viene rallentato il meccanismo con il quale la vite, avvertendo il sopraggiungere di una situazione critica, inizia a chiudere gli stomi (rappresenta un comportamento di tipo anisoidrico), consentendo alle foglie di svolgere comunque una discreta traspirazione e quindi di termoregolarsi.

1.12.4 Grappoli appassiti in pre-raccolta

Il 2012 e il 2020 hanno visto fenomeni molto gravi di appassimento di acini in invaiatura avanzata e in maturazione.

Ormai nelle fasi finali della stagione, accade che per il protrarsi delle alte temperature diurne e l'assenza o carenza dell'umidità notturna, non avvenga compensazione tra le due fasi e così la traspirazione causa l'appassimento dei grappoli.

Purtroppo l'irrigazione al suolo non è sufficiente a mitigare questo impatto fisiologico, se non per migliorare l'effetto sulla vitalità generale della pianta. Come sappiamo, con la maturazione i grappoli portano il rachide a lignificazione, a cui segue una riduzione del flusso xilematico. Infatti, durante la fase finale della stagione, il bilancio idrico degli acini dipende:

- dall'apporto discendete del floema, anche se è quantitativamente poco significativo;

- dall'assorbimento per osmosi dell'umidità esterna presente sulle bucce (da pioggia o da rugiada);
- dalla perdita d'acqua per traspirazione.

In sintesi il turgore degli acini dipende molto dalla traspirazione e dall'assorbimento delle bucce.

Per di più l'appassimento avviene sia per i grappoli più esposti al sole dove è più grave, sia per quelli riparati dalle foglie.

In questi casi potrebbe essere utile la bagnatura dei grappoli nelle fasi notturne per compensare in modo naturale la mancanza di rugiade.

1.12.5 Tecniche colturali di adattamento al mutato contesto climatico[30]

In alcune esperienze, si stanno sperimentando diverse tecniche di adattamento al fine di produrre vini più freschi e meno alcolici[31]: si tratta più o meno di fare l'opposto di ciò che abbiamo consigliato negli ultimi decenni. In prima istanza, potremmo pensare a tecniche di gestione non flessibili, cioè che si applicano all'inizio della stagione in quanto si ritiene altamente probabile il verificarsi di stress termici e radiativi, ma possiamo avere anche tecniche di gestione altamente flessibili, poiché si possono applicare anche a sta-

[30] Neethling E, Barbeau G, Tissot C, Rouan M, Le Coq C, Le Roux R, Quénol H. Adapting viticulture to climate change: guidance manual to support winegrowers' decision-making. 2016. *Life Adviclim*.

[31] Pratica VIETATA, gestione del grado alcolico con aggiunta di acqua: 14° (gradazione attuale) x 100 litri / 13° (gradazione che voglio raggiungere) = 107,64, che vuol dire 7,6 litri di acqua ogni 100 litri per abbassare di 1 grado quella massa definita.

gione avanzata e solo se si verificano condizioni climatiche critiche.

Si deve tenere presente che l'anticipo delle fasi di crescita porta allo spostamento del periodo di maturazione verso condizioni più calde che influenzano profondamente la composizione dell'uva. La maggior parte di queste tecniche agisce soprattutto sulla maturazione tecnologica delle uve, con rallentamento nella capacità di produzione e accumulo degli zuccheri nei mosti, poiché si basano sull'induzione di una riduzione calibrata del processo fotosintetico e sul posticipo dell'epoca di vendemmia; altre agiscono sull'induzione di meccanismi di competizione nutrizionale tra i vari organi della pianta, altri ancora sono efficaci nel limitare gli stress termici e radiativi, poiché esercitano un effetto schermante cui segue una riduzione delle temperature dei tessuti come abbiamo anche visto nei paragrafi precedenti.

Tabella 1.13 – Tecniche di adattamento nel breve, medio e lungo termine ed effetti sulla maturazione e sullo stress idrico

Azioni per l'adattamento	**Effetti potenziali sul ritardo della maturazione dell'uva**	**Azioni per l'adattamento**	**Impatto dello stress idrico**
ritardo nella potatura	3-5 giorni	cover crop	debole
aumentare l'altezza del ceppo da terra	3-5 giorni	tecniche di lavorazione del suolo	debole
ridurre l'area fogliare/ peso produzione	5-12 giorni	tecnica del mulch	debole
scelta del portinnesto	3-6 giorni	impalcatura e gestione della parete	medio
selezione clonale	3-8 giorni	scelta del portinnesto	medio
scelta della varietà	10-25 giorni	irrigazione	forte

Inoltre gli adattamenti su cui si può ragionare sono oltremodo a breve, medio e lungo termine (Tabella 1.13).

1.12.6 Stress multipli: gestione chiusa o aperta della chioma[32]

In un contesto di ricerca, per diverse architetture delle piante, sono stati misurati alcuni parametri nella chioma aperta (A) e nella chioma chiusa (C) usata per il VSP. L'intercettazione luminosa da parte dei due sistemi di allevamento è stata valutata durante la giornata in quattro diversi momenti della stagione, effettuando una scansione delle ombre proiettate dalle chiome con un ceptometro e la percentuale riportata in Tabella 1.14 è il risultato del rapporto tra l'ombra registrata e l'area di riferimento.

I dati raccolti mettono in evidenza, a parità di superficie fogliare, una differente capacità di captazione dell'energia incidente nel corso della giornata, legata all'architettura dei due

Tabella 1.14 – Confronto tra l'intercettazione luminosa di chiome aperte e chiuse in diversi momenti della giornata

Tesi	**Intercettazione luminosa %**			
	ore 9,30	**ore 12**	**ore 14,30**	**ore 16,30**
Chiusa	46	25	6	40
Aperta	32	22	18	40

La forma chiusa C intercetta una frazione maggiore di luce durante le ore più fresche del mattino, mentre quella aperta A nel primo pomeriggio

[32] Bigot G, Valentini G. Caratteristiche delle uve e vinificazione: il ruolo delle scelte viticole e di gestione agronomica del vigneto. 2022. *4Grapes,* https://www.facebook.com/4grapes.it/videos/604390577748406.

sistemi: in particolare la forma chiusa (C) intercetta una frazione maggiore di luce durante le ore più fresche del mattino, mentre quella aperta (A) intercetta una frazione maggiore di luce durante nel primo pomeriggio, in corrispondenza della posizione perpendicolare del sole rispetto alle viti e delle temperature più alte della giornata.

È noto che l'intercettazione luminosa di un vigneto è strettamente correlata al consumo idrico.

Nel nostro caso, la differente intercettazione della luce nel corso della giornata ha determinato una diversa risposta in termini di perdita d'acqua per traspirazione; in particolare la forma chiusa (C) ha consumato più acqua rispetto alla forma aperta (A) tra la fine di luglio e la prima settimana di agosto, che è stato il periodo con le temperature più elevate della stagione.

Per meglio chiarire le differenze riscontrate tra il sistema chiuso (C) e quello aperto (A), sono stati analizzati nel dettaglio i trend di traspirazione oraria durante una calda giornata di agosto. L'andamento giornaliero permette di correlare la maggiore traspirazione giornaliera di C all'intercettazione luminosa.

Dalla valutazione degli scambi gassosi effettuata in due giornate del mese di agosto, è emersa una riduzione significativa della fotosintesi media della chioma aperta rispetto alla chiusa.

È possibile ritenere che, in condizione di forte irraggiamento e alto deficit di pressione di vapore, il flusso di acqua all'interno dei vasi non sia sufficiente a compensare le perdite di traspirazione, con conseguente calo della conduttanza stomatica fogliare (dati non riportati) e con una riduzione significativa della fotosintesi netta. Questa situazione si è palesata ancor di più nella forma aperta (A) maggiormente esposta alla radiazione incidente intorno alle ore 15, quando la temperatura massima ha superato i 40 °C. È noto infatti che le temperature fogliari superiori a 37 °C possono indurre drastici riduzioni dell'efficienza fotochimica e possono dare avvio a fenomeni di fotoinibizione cronica, cui seguono clorosi e necrosi.

A tale insieme di concause può essere imputata anche la riduzione dell'accumulo degli zuccheri riscontrata nelle uve della forma aperta (A). Contrariamente a quanto riportato precedentemente, numerosi lavori hanno dimostrato i vantaggi di allevare le viti con forme a chioma aperta, con la principale finalità di aumentare la quota di foglie esposte e l'intercettazione luminosa e di garantire una maggiore efficienza della chioma e miglioramenti nella composizione delle uve, ma è da tenere conto che la chioma aperta consuma una maggiore quantità di acqua rispetto a quelle a controspalliera.

D'altro canto, in condizioni di ridotta vigoria e in annate con andamenti termici elevati, la chioma aperta potrebbe ridurre gli scambi gassosi, con un minor accumulo zuccherino, potendo fornire anche una copertura protettiva ai grappoli.

1.12.7 Cimatura severa e/o tardiva

Un'altra leva sulla quale basare una strategia di rallentamento della maturazione è quella che sfrutta i normali rapporti di competizione di crescita tra germogli e acini; in condizioni di buon equilibrio vegeto-produttivo, la crescita dei germogli rallenta subito dopo la fioritura e si arresta in prossimità dell'invaiatura, in modo da privilegiare i processi di maturazione dell'acino ed evitare i fenomeni di competizione non nutrizionali tra questi due organi. Ipotizzando che uno spostamento in avanti della fase di crescita dei germogli possa innescare un meccanismo di competizione vegetativa che nella fattispecie si rivelerebbe utile per rallentare la maturazione dell'uva, il problema pratico diviene pertanto quello di indurre una ricrescita di femminelle calibrata e giustamente competitiva: la tecnica più affidabile è quella che utilizza l'epoca e la severità di cimatura dei germogli per stimolare la produzione di femminelle. Interventi drastici di cimatura dei germogli effettuati in Germania nella valle del Reno all'allegagione sul Riesling, hanno indotto un ritardo di maturazione di circa 20 giorni e una riduzione della capacità di accumulo degli zuccheri del mosto di oltre 4 °Bx. Anche in Spagna cimature dei germogli particolarmente anticipate e severe, con tagli effettuati dopo l'allegagione subito al di sopra del grappolo distale, hanno ridotto il rapporto "superficie fogliare/uva" e nel contempo hanno rallentato il processo di maturazione con cali significativi del contenuto di zuccheri, antociani, polifenoli totali e del pH del mosto, nonché del peso del grappolo dell'acino. Indipendentemente dal vitigno e dall'annata, questi risultati sono principalmente imputabili a due fattori primari: la riduzione del rapporto "superficie fogliare/uva" e la competizione nutrizionale tra lo sviluppo delle femminelle di neoformazione e la fase di accumulo nell'uva.

È ovvio che i risultati attesi dalle cimature tardive sono strettamente vincolati, oltre che all'epoca e all'intensità dell'intervento, anche alla fertilità del sito di coltivazione e ai fattori ambientali, in particolar modo le piogge, che possono favorire lo sviluppo tardivo delle femminelle e/o procrastinare l'accrescimento degli acini, indispensabili per ottenere quella competizione nutrizionale necessaria ad indurre un rallentamento dei processi di maturazione dell'uva, incluso l'accumulo degli zuccheri. Da questo punto di vista, l'esecuzione di una cimatura tardiva, propriamente valutata in funzione di eventuali stress multipli estivi, che solitamente accelerano la maturazione tecnologica delle uve, può consentire di posticipare la vendemmia, limitare l'alcolicità potenziale dei vini e mantenere livelli superiori di acidità sia nell'uve che nei vini. Di recente è stato dimostrato che cimature molto tardive, eseguite cioè in fase di maturazione avanzata a 15 -17 °Bx di zuccheri del mosto, consentono di ridurre l'alcolicità potenziale dei vini e/o di posticipare l'epoca di vendemmia senza interferire negativamente con l'accumulo di antociani e tannini.

Nel 2022, presso un vigneto di Barbera nei Colli Tortonesi (Piemonte - AL), abbiamo verificato la tecnica di "cimature per abbassare la parete vegetativa" al fine di ridurre l'accumulo zuccherino; in sintesi abbiamo tenuto per tutta la stagione vegetativa l'altezza della parete con una cimatura corta (CC) di almeno 30 cm rispetto alla cimatura aziendale (CA).

Il risultato alla maturazione ha mostrato un andamento diverso tra le due prove: a parità di data di campionamento le uve del CA hanno mostrato un contenuto zuccherino maggiore e una minore acidità rispetto a quelle del CC, portando ad eseguire 2 vendemmie separate con 7 giorni di distanza e nonostante il ritardo vendemmiale le uve del CC hanno avuto un grado zuccherino più basso e un'acidità più alta rispetto al CA, e con maturazione tecnologica meno soddisfacente nel CC rispetto al CA.

1.12.8 Antitraspiranti in post-invaiatura

Un'altra tecnica in grado di indurre un calibrato calo di fotosintesi è l'applicazione su tutta la chioma o solo su alcune porzioni di prodotti antitraspiranti in grado di causare una parziale, ma consistente e duratura chiusura degli stormi delle foglie utile a controllare le perdite di acqua per traspirazione, senza pregiudicare completamente l'ingresso della CO_2 da organicare con la fotosintesi.

Applicazioni tardive con l'antitraspirante (es VaporGard al 2%) sono certamente utili nei casi in cui l'obiettivo primario sia quello di ridurre e/o rallentare l'accumulo degli zuccheri nel mosto con l'intento di diminuire l'alcolicità dei vini. È un trattamento molto tecnico, per cui vanno rispettate le indicazioni, quali la corretta irrorazione della pagina inferiore delle foglie, al fine di ottenere una buona copertura delle aperture stomatiche e intervenire quando la concentrazione degli zuccheri nel mosto è approssimativamente intorno a 13-14 °Bx.

1.12.9 Reti ombreggianti[33]

Le reti ombreggianti possono essere le stesse delle reti antigrandine, ma possibilmente installate in modo differente poiché le foglie sistemate sotto la rete antigrandine normalmente non riescono a "muoversi".

Un ombreggiamento limitato alla fascia dei grappoli aiuta certamente nel contenere il surriscaldamento dei grappoli e quindi nel preservare una frazione più elevata di acido malico, componente essenziale in un'ottica di vinificazione per vini bianchi frizzanti e base spumante.

Le reti ombreggianti utilizzabili, nella maggior parte dei casi, presentano un coefficiente di trasmissione della radiazio-

[33] Guidoni S. Sfogliatura della vite e andamenti climatici. 2010. *Vitenda*, XV (84-85).

ne variabile dal 20 al 70% di quella incidente, costituendo una soluzione ideale nei confronti del problema delle scottature ai grappoli.

Inoltre sul mercato sono disponibili vari tipi di reti che differiscono anche per i cosiddetti fattori di ombreggiamento (Tabella 1.15), più precisamente costituite da colore, fittezza e tessitura della maglia ombreggiante[34].

Ipotizzando l'utilizzo di una rete ombreggiante che per caratteristiche costruttive riduce la radiazione incidente del 20%, i grappoli ricevono con ogni probabilità anche una quota di radiazioni minima sufficiente ad innescare processi di sintesi enzimatica del colore e, per effetto dell'ombreggiamento, i grappoli sono ad una temperatura inferiore rispetto ad una tesi non ombreggiata; inoltre l'effetto combinato di questi fattori sembra giustificare un incremento dell'accumulo degli antociani.

Diverso può essere il caso di una rete che attenua l'intensità della radiazione incidente del 40-50%: ovviamente l'effetto di schermatura e quindi di raffreddamento dei grappoli sarà po-

Tabella 1.15 – Percentuale di ombreggiamento di diversi tipi di rete

Tipo di rete	Colore della rete	Ombreggiamento
tessitura Raschel	nero	20-25 %
tessitura Raschel	nero	10-15%
tessitura Raschel	bianco	30%
	nero	40%
tessitura giro inglese	nero	10-15%
a maglia indemagliabile	verde scuro	15%
	verde chiaro	19%

[34] Al 26-8-21 a La Morra (CN) l'uva Barbera era scottata sotto la struttura antigrandine con rete bianca su entrambi i lati.

tenziato anche se si attenua fortemente la funzione dei source, ovvero di capacità fotosintetica in quanto il metabolismo della vite tende a privilegiare la sintesi di zuccheri semplici a svantaggio di quella di metaboliti secondari. Uno studio condotto su Sangiovese e su Cabernet Sauvignon ha dimostrato che una forte limitazione fotosintetica ha causato una riduzione di antociani pari a circa l'80% rispetto ad una tesi di controllo, mentre la riduzione a livello di concentrazione zuccherina è stata solo del 27% circa.

Data la temperatura elevata dei frutti come fattore limitante per il raggiungimento di elevati standard qualitativi, nel 2007 è stata effettuata in Piemonte su Nebbiolo la valutazione di limitare l'incremento della temperatura dei frutti attraverso le reti ombreggianti posizionate sulla fascia produttiva dell'uva.

È stato osservato che la temperatura dei grappoli così coperti (dall'allegagione alla raccolta) si manteneva a livelli superiori di quella di grappoli direttamente esposti alla radiazione attraverso la sfogliatura in quanto riducono soltanto l'intensità luminosa e non la temperatura: ciò non ha comunque causato bruciature, mostrando che esse sono più la conseguenza del binomio luce e temperature piuttosto che la sola temperatura, ma ha portato a qualche decadimento qualitativo, particolarmente evidente in annate più calde. È emerso invece che l'ombreggiamento naturale ottenuto mantenendo le foglie nella zona basale della chioma ha determinato i migliori risultati sia nel contenere l'innalzamento termico sia nel consentire una buona maturazione.

Nella nostra esperienza, posizioniamo la rete solo sul lato del filare maggiormente esposto al sole ad un'altezza adeguata a proteggere la parete e i grappoli, di solito tra 90 e 100 cm circa partendo da 20 cm sotto il filo di banchina; si richiede un filo singolo in alto per sostenerla e per migliorare lo spazio a disposizione della chioma, posizioniamo una molla solitamente sulla prima coppia di fili così da lasciare larga la rete; per metterla in tensione si posizionano due braccetti in testa ai filari.

La vendemmia meccanica è possibile tirando su la rete prima della raccolta. Al 2024, la posa complessiva delle reti costa all'incirca 10-14.000 euro/ha, ripartiti in 5-6.000 euro di materiali e 5-8.000 euro per la posa. In media, una rete dura 12-15 anni.

1.13 La grandine

Nell'atmosfera si formano correnti d'aria differenti, responsabili di grandinate già dalle prime epoche vegetative. Il pericolo di questo evento meteorico, triste in particolare modo per gli agricoltori, è causa di ansia fino al momento del raccolto.

A volte può sembrare che l'andamento climatico sia più severo in quanto i danni interessano territori più estesi. Tuttavia, sotto il profilo tecnico è da considerare come tali eventi debbano essere valutati singolarmente nei vari impianti.

Il vigneto può essere danneggiato in misura differente in relazione all'epoca fenologica in cui si trova.

I danni da grandine sono strettamente correlati all'esposizione del vigneto, alla violenza dei colpi e alla traiettoria dei chicchi.

Nel caso di vigneti allevati a spalliera, i danni possono interessare una sola parte del filare, entrambe, seppur raramente, o, nel peggiore dei casi, tutta la parte epigea di nuova formazione. Quando le ferite interessano solamente una parte della massa vegetativa, la loro profondità influisce differentemente sulla resistenza meccanica dei tralci (tanto più saranno fessurati, tanto più facilmente si potranno rompere nell'anno successivo). I danni a carico di germogli, nervature e foglie si rilevano più agevolmente alcuni giorni dopo la grandinata poiché le lesioni diventano brune.

Nel caso del lembo dei pampini, ogni colpo provoca una lacerazione e, se ripetuto, il distacco di parte della foglia: ne consegue la riduzione della superficie fotosintetizzante. Nel caso più lieve, la pianta non accusa particolarmente l'evento in quanto, seppur con le foglie lacerate, queste continuano per la gran parte della loro superficie ad elaborare sostanze, senza interruzione dell'attività. In questo caso, la vegetazione risulta ancora sufficiente per recepire lo stimolo dei nutrimenti fogliari che potranno essere appositamente distribuiti.

Nel caso in cui le numerose ferite e la grande perdita di massa elaborante riduca le potenzialità della pianta, è probabile che si verifichi un arresto del ciclo, con conseguenze sicuramente negative in quanto influenti sulla normale evoluzione fenologica. Soventemente in estate si è notato basso contenuto di zucchero nei grappoli, pessima lignificazione dei tralci, mancata caduta naturale delle foglie e protrarsi dell'attività vegetativa fino alle prime gelate di fine autunno (rende i tralci molto sensibili ai rigori invernali, soprattutto quando si verificano in assenza di umidità atmosferica). In questo caso, sarebbe preferibile la potatura drastica dell'intera massa.

Quando la grandinata colpisce il vigneto nel mese di maggio, le piante hanno ancora buona capacità di recupero, anche in casi in cui si osserva l'eliminazione quasi totale della massa verde. I danni possono interessare massicciamente le foglie e gli interi grappoli fiorali. Nel corso della stagione la pianta riacquisisce il suo normale equilibrio fisiologico.

Nel mese di giugno, quando la vite è ancora in piena attività di sviluppo erbaceo, pur con un gran numero di lesioni sugli apici, avviene il risveglio delle gemme pronte ad ogni nodo del germoglio, seppure le ferite riportate dai meritalli apicali inibiranno i tempi di recupero dell'attività. In questa situazione, la pianta si ritroverà a inizio estate, come in primavera, all'inizio del germogliamento, però con una differenza importante: nel mese di aprile la nuova attività si è avvalsa anche delle sostanze di riserva accumulate nella precedente stagione, mentre nel mese di giugno o luglio, epoca dei maggiori danni alla parte vegetativa, la pianta ha già consumato gran parte delle riserve senza averle ancora potute reintegrare in misura adeguata. Ne consegue quindi una maggiore difficoltà di germogliamento, che si tradurrà in una superiore lentezza e irregolarità. Un rallentamento vegetativo o una condizione di sofferenza a cavallo della fioritura possono però compromettere il raccolto dell'anno che verrà: in questo periodo iniziano a formarsi all'interno delle gemme gli abbozzi fiorali, che si perfezioneranno nell'arco della stagione, fino a fine ciclo.

Per preservare la produzione dell'annata successiva, è possibile procedere con:

- eliminazione dei grappoli;
- taglio del capo a frutto a metà per favorire la ripresa dei germogli prossimi al ceppo nelle piante allevate a Guyot;
- dopo 15 giorni dall'evento controllare se la ripartenza è avvenuta tramite femminelle o risveglio delle gemme ibernanti;
- se da femminelle, cercare di proteggere la nuova vegetazione e magari accorciare leggermente i vecchi getti;
- se da gemme ibernanti, ridurre la lunghezza dei germogli a 4-5 nodi: si potranno così sviluppare nuovi getti, pur se di

scarsa vigoria, con la possibilità che si giunga alla differenziazione dei fiori nelle loro nuove gemme ibernanti.

Grandinate di moderata entità nel mese di luglio, al completamento della massa di vegetazione, comportano una contenuta riduzione della chioma, pur con numerose lacerazioni sulle foglie che inducono un rallentamento della fase fenologica, che viene poi compensato nelle tappe successive. Qualora in questa fase si verifichi la distruzione dell'intera massa fotosintetizzante, la pianta mostra grandi difficoltà di recupero. Danni consistenti ai germogli causano maggiore irregolarità di crescita della nuova vegetazione: a seguito dell'effetto della dominanza apicale, saranno le femminelle più alte a prevalere con effetti negativi per la futura potatura invernale.

È inevitabile che la grandine provochi rotture, lacerazioni e ferite di varia entità in relazione alle modalità con cui si è verificata. Chicchi piccoli frammisti ad acqua normalmente recano i minori danni.

L'azione della grandine è dannosa anche per l'insorgenza di alcune malattie fungine, in particolare a livello del grappolo, ma anche della vegetazione. Contro queste c'è poco da fare, se non specifici interventi fitoiatrici, soprattutto quando c'è una certa propensione all'insorgere esteso di una qualche infezione.

1.14 Danni da grandine ai grappoli

Le ferite ai grappoli si possono dividere in due categorie: perdita di frutti per distacco o per abbondante lacerazione dell'acino o ferite ridotte per cui il raccolto finale risulta ancora perseguibile. I danni sono variabili in relazione al vitigno: alcune varietà dimostrano, infatti, buona capacità di isolare le lacerazioni e completare la maturazione delle parti rimaste integre; in altri casi, l'acino, seppur solo parzialmente ferito, dissecca se si è in epoca precoce, o marcisce se si è in quella più tardiva. Si distinguono tre casi fondamentali, in relazione alle fasi fenologiche:

- in epoca erbacea;
- all'invaiatura;
- in prossimità della maturazione.

In epoca erbacea, il comportamento evolutivo successivo alla grandine è da ritenersi pressoché simile a ciò che accade per la vegetazione: la differenza non trascurabile è che gli acini colpiti non potranno essere sostituiti da altri nel corso dell'anno e ancor meno i grappoli persi. Rimanendo una parte di produzione e sperando nel clima più favorevole, è da supporre che quanto rimasto possa conseguire un maggiore accrescimento e migliore maturazione, compensando parzialmente in peso ciò che non c'è più.

La qualità è tuttavia compromessa in quanto le ferite e i disseccamenti trasmetteranno alterazioni di sapore più o meno consistenti nei vini.

La grandine precoce della prima decade di giugno trova i giovani grappoli fragili e suscettibili a danni rilevanti. Il rachide è la parte che subisce i maggiori colpi e le ferite più profonde, tanto da intaccarne la sua funzionalità. Riguardo agli acini neoformati, quelli più esposti soventemente vengono staccati dai colpi, mentre i rimanenti all'apparenza hanno avuto le minori lesioni. Il loro percorso di maturazione potrebbe ancora continuare, sebbene dipendente anche dai danni subiti dal rachide.

Alla chiusura del grappolo nel mese di luglio, le spaccature sui singoli acini sono quasi sempre devastanti. Se il fenomeno non è di elevata intensità, gli acini più esposti seccheranno in seguito, ma avranno costituito la protezione per i sottostanti e per il rachide e il percorso di maturazione prosegue.

Alcune varietà, ad esempio il Moscato, sono in grado di rimarginare i danni agli acini causati dalla grandine del mese di luglio: le ferite, pur profonde si rimarginano. La qualità è sicuramente compromessa, ma la maturazione prosegue, anche al riparo dagli agenti dei marciumi.

Non è infrequente in certe annate che la grandine interessi gli stessi vigneti in epoche differenti. Altrettanto è così per la capacità di recupero degli acini. Il livello finale di danno dipenderà dalla capacità di resistenza del vitigno, oltre che dall'entità delle lesioni.

Dall'avvio della maturazione con la fase dell'invaiatura e dalla conseguente radicale trasformazione degli acini, gli effetti distruttivi non hanno più particolare distinzione tra gli eventi più precoci o tardivi. Incrementandosi però la quantità di zucchero ed essendo più accentuati gli sbalzi termici tra il giorno e la notte, il maggiore pericolo è quello dei marciumi.

Al momento dell'invaiatura, la sensibilità propria dei vitigni è più evidente. Gli acini in corso di trasformazione, oramai ricchi di acqua e gonfi, per le lacerazioni subite possono rapidamente seccare o marcire. Le varietà i cui acini disseccano nell'arco di un breve periodo appaiono meno esposte agli attacchi della muffa grigia che, se si insediasse, completerebbe l'opera distruttiva per il coinvolgimento anche delle parti ancora indenni.

La caduta della grandine determina l'abbassamento della temperatura atmosferica che, come è noto, favorisce in questa stagione la maggiore diffusione dei funghi parassiti e la lontananza del tempo di raccolta giustifica la preoccupazione verso queste crittogame. La difesa dai vari marciumi del grappolo, che potrà attuarsi sia con l'impiego di mezzi chimici, sia con oculati interventi colturali volti a rendere l'ambiente del vigneto meno favorevole all'insorgere di estese infezioni fungine.

Quando l'epoca di raccolta è oramai prossima, l'evento della grandine giunge inatteso in quanto le condizioni meteoriche della stagione non dovrebbero più essere tanto predisponenti. Talvolta tuttavia accade. In quest'ultimo periodo, non vi è più distinzione di vitigno che possa far variare l'entità del danno. Nel caso in cui i patimenti fossero parziali e nonostante tutto la produzione risultasse ancora apprezzabile, le menomazioni alla parte vegetativa, indurrebbero la pianta ad un arresto fenologico che potrebbe influire sulla qualità finale dei grappoli. In quest'epoca quindi è possibile parlare di danni dagli effetti devastanti diretti ai frutti, oppure di danni indiretti, vale a dire dell'anticipato arresto della maturazione con conseguenze negative in peso e gradazione zuccherina.

1.15 Il clima invernale-primaverile

La temperatura è sicuramente uno dei fattori limitanti della coltivazione della vite. Il suo fabbisogno di freddo non è molto elevato, mediamente circa 200 ore, che può variare notevolmente in base alle varietà, da cui si differenziano in precoci e tardive.

È una fase di riposo fisiologico durante la quale la pianta riduce la sua attività metabolica e vegetativa; è un momento cruciale per la sopravvivenza della vite, poiché generalmente la protegge dai danni causati dalle gelate invernali, impedendo il germogliamento delle gemme, e favorisce il recupero dell'energia e delle risorse necessarie per il successivo periodo di crescita.

Durante la primavera del 2024 in Puglia, abbiamo trovato su alcune varietà e in particolare sul Merlot, un germogliamento non ottimale, caratterizzato dalla presenza di gemme cieche e dalla difformità di sviluppo dei germogli, sia tra le piante sia nell'ambito della medesima pianta; questa condizione era principalmente legata a una carenza del fabbisogno di freddo.

Per quanto riguarda i danni causati dagli abbassamenti termici invernali possono essere limitati ad alcune parti della pianta e in alcuni casi possono apparire di modesta entità e consistere in piccole lesioni ai tessuti alla base dei tronchi. Queste lesioni sono spesso il punto di ingresso di patogeni che vivono nel suolo, in particolare *Agrobacterium vitis*, volgarmente noto come rogna della vite. Si manifesta con la formazione di galle carnose color crema e indebolimento della pianta, che può andare incontro alla morte. Il problema dei freddi invernali e dell'insediamento dell'*Agrobacterium* è particolarmente sentito nelle aree viticole molto fredde o in condizioni specifiche (Michigan, Usa).

Nelle aree viticole soggette ad inverni molto rigidi si può rendere necessario l'interramento della parte aerea per proteggere la base dei tronchi e i tralci dagli abbassamenti termici qualora non si formi una coltre nevosa.

Quando la vite è totalmente dormiente (ha circa il 40% di contenuto di acqua), ci vogliono almeno -15 °C per causare dei danni alla vite (Tabella 1.16).

In primavera la vite reidrata i suoi organismi svernanti, le gemme aumentano la loro attività respiratoria e si preparano alla schiusura. In questo periodo che precede di poco il germo-

Tabella 1.16 – Temperature critiche minime durante le diverse fasi fenologiche della vite*

Temperature critiche	Valori di riferimento
minima invernale	da -15 °C a -20 °C
minima pre-germogliamento	circa -2 °C
minima germogliamento	circa 0 °C
minima fioritura	da +8 a +10 °C
minima differenziazione gemme	da +15 a +20 °C

* *Fregoni M. Viticoltura di qualità. 2013. Tecniche nuove*

gliamento, la vite aumenta la sua sensibilità alle basse temperature: livelli termici sotto i -2 °C possono creare danni e necrosi ai tessuti gemmari. Nella successiva fase di germogliamento, le gemme si rigonfiano, con aumento del contenuto di acqua, e le perule cadono; aumenta quindi la sensibilità e temperature minime che si aggirano attorno ai 0 °C possono danneggiare i tessuti e i sistemi enzimatici che si erano attivati.

Invece alla fioritura, abbassamenti di temperatura verso +10 °C non permettono un adeguato livello di germinazione del polline e di allungamento del tubetto pollinico con gravi ripercussioni sul livello produttivo; per di più le piogge durante la fioritura possono limitare la dispersione del polline per il ruolo diretto che le gocce esercitano sui granuli pollinici abbattendoli al suolo, dilavandoli dagli stigmi, causando la plasmolisi. Le piogge possono portare ad abbassamenti della temperatura che a loro volta limitano la velocità di germinazione del polline e di allungamento del tubetto pollinico.

Anche la differenziazione delle gemme per l'anno successivo richiede, a seconda delle varietà, temperature superiori a 15-20 °C (Tabella 1.17).

Tabella 1.17 – Temperature ottimali per le fasi fenologiche della vite

Fase fenologica	Temperatura
germogliamento	8 - 10 °C
fioritura	18 - 22 °C
da fioritura ad invaiatura	22 - 26 °C
da invaiatura a maturazione	20 - 24 °C
vendemmia	18 - 22 °C

1.16 Le gelate

Negli ultimi anni, le calamità naturali sono sempre più frequenti e i danni riscontranti in agricoltura aumentano a dismisura a causa di idrometeore, quali intense piogge e grandine, e/o forti cali termici che, se si verificano durante la primavera, causano inevitabilmente perdite di produzione.

Le gelate sono eventi atmosferici che si verificano quando la temperatura dell'aria scende a valori molto bassi, causando il passaggio dell'acqua dallo stato liquido e/o aeriforme a solido. Questo fenomeno si può verificare anche con temperatura superiori allo zero perché l'effetto combinato della bassa temperatura atmosferica e il rilascio di calore da parte dei corpi, provoca la formazione di ghiaccio: l'acqua presente nell'atmosfera raggiunge il punto di rugiada (dew point) e sublima sulle superfici formando uno strato ghiacciato. Le gelate si classificano in base a:

- temperatura:
  - deboli (da 0 a -2 °C);
  - medie (da -2 a -4 °C);
  - forti (inferiori a -4 °C);
- epoca:
  - invernali;

    * primaverili o tardive;
    * autunnali o precoci;
- causa:
    * avvettive: sono dovute a trasporti di aria fredda proveniente da nord che provocano un calo diffuso delle temperature; possono investire le colture o concentrarsi nel fondovalle (perché più pesante dell'aria temperata); solitamente si verificano in autunno, senza causare danni, ma occasionalmente anche in primavera, sono difficilmente contrastabili;
    * radiative (o per irraggiamento): si verificano in primavera, in assenza di vento, con cielo sereno, bassa umidità atmosferica e cessione di calore dal suolo e dalla pianta verso l'atmosfera: i tessuti raggiungono temperature inferiori a quelle dell'aria, con formazione di cristalli di ghiaccio nelle cellule; risultano particolarmente distruttive per la vegetazione, con cali produttivi considerevoli, tal volta azzerati.

L'inversione termica che è alla base delle gelate radiative si verifica durante la notte ed è dovuta all'avvezione dell'aria fredda: durante il giorno, la radiazione solare scalda l'aria, il suolo e le piante. Dopo il tramonto, il terreno produce vapore acqueo, seppur in quantità inferiore rispetto a quello che si condensa a contatto con le viti: i vegetali in genere si coprono loro stessi di un velo di umidità sulle parti verdi. Ciò avviene a seguito del fatto che, al calare della notte, la traspirazione diminuisce con maggior gradualità rispetto all'abbassamento della temperatura, per cui il vapore acqueo presente nei primi strati dell'atmosfera risulta assai superiore nelle ore notturne.

L'ulteriore passaggio allo stato solido si verifica in misura diversa in relazione alla temperatura del corpo stesso che si sta ricoprendo di brina. Le piante si rivestono di minuscole formazioni di ghiaccio in quanto perdono il calore acquisito durante il giorno e tendono ad equilibrare la loro temperatura con quella degli strati superiori dell'atmosfera. È infatti cosa nota che quando l'inverno è freddo, il livello termico delle piante è superiore a quello dell'aria e pertanto nelle notti serene e tranquille, il fenomeno dell'irradiazione è forte.

Anche se la temperatura del suolo fosse superiore a 0 °C, essa non costituirebbe un limite per l'irradiazione notturna e si potrebbero verificare casi di congelamento, ad esempio delle gemme (gelata asciutta). I corpi solidi infatti tendono a raffreddarsi in misura maggiore rispetto all'aria in cui sono immersi a causa di un'irradiazione superiore.

Un fenomeno che non deve essere confuso con la brina è la "galaverna": questa si forma quando una corrente di aria carica di umidità giunge dopo un freddo secco e intenso; a contatto dei corpi solidi e in particolare delle fronde degli alberi, l'umidità congela creando formazioni di ghiaccio anche notevoli.

Quando pertanto sussistono contemporaneamente le condizioni climatiche e colturali possono verificarsi danni anche assai diversi. Naturalmente le aree più colpite nella generalità dei casi risultano quelle site nei fondovalle o quelle percorse da correnti fredde.

1.16.1 Gelate bianche e nere

Nella stagione primaverile, si possono riscontrare due tipi di danneggiamenti: la "brina" e la "gelata secca" a cui corrispondono quelle che i Francesi chiamano "gelate bianche" e "gelate nere".

Tra le due la meno pericolosa è la brinata perché potrebbe risultare soltanto come una lievissima nevicata e pertanto, se il disgelo avvenisse poi gradualmente, non sarebbe causa di danni tali da compromettere il futuro del germoglio o del grappolino.

Conseguenze diverse hanno le gelate asciutte o secche che si verificano con l'abbassamento della temperatura a livelli marcatamente al di sotto degli 0 °C, e contemporaneamente con l'assenza di umidità nell'aria. Il perdurare di queste condizioni può determinare infatti il congelamento vero e proprio della vegetazione che, con il successivo rialzo termico, risulterà non più funzionale, per cui si potranno verificare sia l'afflosciamento sia l'annerimento dei germogli (da cui il nome di "gelate nere").

1.17 Danni da gelo

Nel momento in cui la temperatura scende al di sotto della soglia critica, la vite subisce dei danni:

- di natura meccanica: l'acqua congela direttamente all'interno del citoplasma, il quale incrementa di volume facendo scoppiare le cellule; visivamente si osservano lessature, "ustioni" da freddo, imbrunimenti sui tessuti verdi, e delle spaccature sulle branche e/o tronco;
- per disidratazione: l'acqua inizia a congelare negli spazi interstiziali e i cristalli che si sono creati lacerano le membrane cellulari, da cui fuoriesce l'acqua della cellula.

Le gelate per irraggiamento provocano danni più gravi nelle zone più vicine al suolo, tanto che nelle aree più soggette a tale tipologia di gelate è bene utilizzare sistemi di allevamento più alti. In Nuova Zelanda (1980), si è visto che il pericolo di gelo si riduce da un minimo di 0,17 °C fino ad un massimo di 0,36 °C per ogni 10 cm di distanza da terra. I vigneti giovani al primo o secondo anno di impianto, in virtù della posizione dei germogli a pochi centimetri dal terreno, manifestano un'elevata sensibilità. L'entità dei danni sulla produzione dipenderà poi anche dalla presenza di germogli secondari fertili, che potrebbero permettere un parziale recupero produttivo. Con temperature intorno a 0/-1 °C, ci può essere disseccamento, soprattutto a carico delle foglie più giovani, che la pianta supererà agevolmente, mentre se le temperature scendono al di sotto di -2/- 3 °C per alcune ore, i danni saranno irreparabili, per cui l'apice vegetativo e le infiorescenze disecccheranno completamente, con grave compromissione della produzione.

I danni da brina, alternati a quelli del gelo asciutto, si differenziano in base ai vigneti:

- a germogliamento precoce, in relazione a vitigno, ubicazione in zone di medio colle, esposizione solatia ed età giovanile; nelle aree fredde, può esserci totale disseccamento della vegetazione, mentre nelle altre ci può essere disseccamento solo degli apici dei germogli o di qualche infiorescenza;
- a ripresa vegetativa più tardiva; nelle zone più esposte al gelo, si rileva con frequenza la morte pressoché totale di tutte le gemme che si trovavano in fase di apertura od appena schiuse. Per i vigneti siti invece in valli meno fredde, i danni possono essere di entità minore in quanto le gemme ancora sufficientemente chiuse sono riuscite a proteggere le parti verdi.

I danni si differenziano anche in base alla fase fenologica in cui avviene la gelata:

- gemma cotonosa: colorazione anomala indotta da repentini abbassamenti di temperatura; danno: ritardo fenologico;
- gemma in apertura: parti terminali (più delicate) con lievi necrotizzazioni; danno: nessuno;
- germoglio con foglie basali e piccioli lesionati: importante è l'integrità dell'asse del germoglio; danno: da valutare in seguito;
- germoglio con asse integro; danno: probabile buon recupero, ritardo fenologico;
- germoglio con allessamenti lievi ma distribuiti su tutta la struttura; danno probabile: perdita del germoglio;
- completo danneggiamento dell'intera struttura; danno: morte del germoglio.

1.17.1 Resistenza alle gelate[35]

Le gelate sono una delle calamità naturali contro cui bisogna raffrontarci e cercare soluzioni per mitigare il problema dato che tra il 5-15% di produzione di uva a livello globale viene persa per questi fenomeni.

Esistono meccanismi di difesa delle piante per resistere al freddo e sono relativi all'accumulo di osmoliti (sali, acidi organici) e soluti osmoregolatori (AA e amido) che permettono di ridurre il punto di congelamento dell'acqua e di disidratazione

[35] Evans R. G. The Art of Protecting Grapevines From Low Temperature Injury. 2000. *Proceedings of the ASEV 50th Anniversary Meeting, Seattle, Washington June 19-23, 2000*, 60-72.

dei tessuti: la riduzione del fotoperiodo e l'abbassamento delle temperature stimolano l'adattamento, con il raggiungimento del picco di resistenza verso dicembre-gennaio.

Vitis vinifera tollera temperature tra -17 °C e -22 °C a seconda della varietà, ma alcune specie di vite sono in grado di resistere fino a temperature di -40 °C. Per esempio, *Vitis riparia* è adattata a vivere lungo le rive dei fiumi dell'America del nord, dove durante l'inverno si raggiungono temperature estreme.

Durante il periodo estivo, i tessuti vanno incontro a disidratazione e accumulo di polifenoli (lignina) che rendono più resistenti le strutture verdi: questa fase è chiamata agostamento dei tralci e permetterà ai tessuti di resistere meglio alla stagione invernale. Invece le gemme dormienti hanno una struttura che permette di creare una sorta di cuscinetto d'aria che le isola dall'ambiente esterno, evitando infiltrazioni di acqua. Durante il periodo invernale, la vite accumula ore di freddo, chiamate Chilling Hours (CH), per regolare la ripresa dell'attività vegetativa. La maggior parte delle varietà di *Vitis vinifera* necessita tra 500-750 CH, *V. riparia V. lambrusca, V. amurensis* sono adattate a climi nordici e hanno bisogno di meno ore (0-600), mentre *V. aestivalis, V. cinerea V. volpina*, sviluppate più a sud, richiedono da 1300-1700 CH. Una volta accumulate il numero sufficiente di CH, la vite riprende l'attività vegetativa: l'amido stoccato nel tronco viene idrolizzato in monomeri per incrementare la pressione osmotica e creare un gradiente positivo che richiama acqua dal terreno in modo che i tessuti si reidratino e da questo momento in poi la vite risulta molto più sensibile alle gelate tardive.

La temperatura critica minima alla quale si osservano i primi danni incrementa a seconda della fase fenologica, come si può osservare in Tabella 1.18.

Tabella 1.18 – Valori delle temperature critiche alle quali dopo 30 min si osservano il 10% e il 90% di danno durante la fase fenologica indicata*

Fase fenologica	T° critiche	
	10% di danno	90 % di danno
gemma cotonosa	-10,6 °C	-19,4 °C
punta verde	-6,1 °C	-12,2 °C
apertura gemme	-3,9 °C	-8,9 °C
1a foglia	-2,8 °C	-6,1 °C
2a foglia	-2,2 °C	-5,6 °C
3a foglia	-2,2 °C	-3,3 °C
4a foglia	-2,2 °C	-2,8 °C

** Zinoni F, Antolini G, Palara U, Rossi F e Reggidori G. Aspetti fisici ed ecofisiologici nella previsione e difesa delle piante da frutto dalle gelate tardive. 2005. Italus Hortus, 12 (4), 63 - 78*

1.17.2 La vite dopo i danni da gelata[36, 37]

Nel caso di gelate primaverili particolarmente gravi, con totale compromissione dell'asse meristematico centrale della gemma ibernante, la ricostituzione della chioma e il ripristino dell'attività vegetativa è assicurato dall'emissione di germogli secondari delle gemme latenti, delle gemme di sottocchio e da quelle di corona: nel Guyot il capo a frutto normalmente si completa come vegetazione con circa un mese di ritardo. Naturalmente a questo recupero vegetativo possono partecipare anche le femminelle, qualora non danneggiate, sviluppatesi dalle gemme pronte ubicate sui nodi dei germogli principali; assumono la dominanza apicale qualora l'apice venga danneggiato.

[36] Fregoni M. Viticoltura di qualità. Op. cit.
[37] Scienza A, Failla O, Raimondi S. La Vite e il Vino - Botanica. Coltivazione. Storia e arte. Ricerca. Alimentazione. Utilizzazione. Paesaggio. Mondo e mercato. 2007. *Script.*

La reazione vegetativa, soprattutto dopo eventi particolarmente gravi, può essere molto intensa e manifestarsi con una eccessiva riemissione dei germogli, in larga misura sterili, da gemme secondarie, di corona e latenti sui cordoni o lungo il tronco. Questa reazione è tipica di eventi traumatici improvvisi che azzerano il potenziale vegetativo, che, in presenza di un apparato radicale integro e funzionale, costringono la pianta a riattivare il maggior numero di centri vegetativi di crescita, compresi quelli che in condizione normale sarebbero rimasti dormienti.

1.17.4 Interventi di soccorso

Il comportamento da tenere di fronte ad un danno da gelo primaverile è in funzione della gravità del danno, la cui valutazione è da effettuare dopo la ripresa vegetativa, e in relazione all'obiettivo degli interventi da intraprendere, che possono essere:

- nel caso di danno severo con distruzione totale dei germogli primari e quindi in assenza di infiorescenza, occorre garantire la formazione di tralci ben maturi e il numero sufficiente al fine di ristabilire un corretto equilibrio vegetativo indispensabile per assicurare una regolare produzione nell'annata successiva a quella della gelata; è necessario pertanto un'accurata selezione dei migliori e ben posizionati germogli; non si deve abbandonare il vigneto a se stesso, onde evitare di avere un numero eccessivo di tralci di dimensioni non ottimali, ovvero di lunghezza e diametro insufficienti, e successivi problemi di selezione in fase di potatura invernale, con eccessivi tempi di esecuzione;

- nel caso di danno da lieve a medio, occorre salvaguardare parte del prodotto dell'annata in corso che può derivare sia dalle gemme ibernanti non danneggiate (di solito quelle basali) sia da gemme secondarie.

In pratica, dopo una gelata tardiva con disseccamenti della maggior parte dei germogli, occorre monitorare lo sviluppo delle gemme secondarie e dopo 2-4 settimane eseguire un'attenta scacchiatura dei germogli danneggiati e una selezione di quelli nuovi, ben posizionati e soprattutto di quelli che portano le infiorescenze, al fine di preservare la maggior produzione possibile.

1.17.5 Prevenzione dei danni da gelata[38]

L'elemento principale per la prevenzione dei danni da gelata è la collocazione dei vigneti in aree in cui il ristagno del freddo è limitato.

Tra le tecniche applicate per ritardare l'apertura delle gemme e preservarle dal gelo, sono citati l'uso degli oli vegetali e la potatura tardiva. L'azione dei primi sarebbe legata ad una riduzione della capacità respiratoria delle gemme, mentre il ritardo della potatura permetterebbe, con il germogliamento delle gemme apicali da rimuovere, di ritardare la partenza di quelle basali. Uno studio svolto su due varietà (Riesling e Lemberger) dai ricercatori dell'Università di Pennsylvania ha indagato l'efficacia dell'uso di queste due tecniche, non solo sulla capacità

[38] Persico MJ, Smith DE, and Centinari M. Delaying budbreak to reduce freeze damage: Seasonal vine performance and wine composition in two V. vinifera cultivars. 2021. *American Journal of Enology and Viticulture.*

di ritardare il germogliamento, ma anche sulle fasi fenologiche successive, la produzione e la maturazione dei frutti.

I risultati hanno messo in evidenza un ritardo del germogliamento da tre a sei giorni per l'olio vegetale Amigo in concentrazione dell'8% e tra cinque e otto giorni per il prodotto usato al 10%, mentre la potatura tardiva su cordone speronato ha portato alla comparsa dei germogli basali con 10-11 giorni di ritardo rispetto al controllo. Nella varietà Lemberger, la potatura tardiva non ha causato variazioni sulla produzione, la qualità dei mosti e la capacità di accumulo dei carboidrati di riserva nel legno per la stagione successiva, mentre su Riesling si sono osservate riduzione del peso del grappolo e minore sopravvivenza delle gemme nel caso dell'uso dell'olio vegetale. La risposta della cultivar è una delle considerazioni da valutare e testare prima dell'applicazione di questa tecnica; sicuramente, dalla nostra esperienza è difficilmente fattibile nel Guyot.

In riferimento alla maggiore o minore predisposizione ai danni, è stato constatato come i vigneti con suoli inerbiti siano maggiormente esposti all'azione dannosa del freddo presentando una superficie del terreno maggiormente isolata, poiché hanno una ridotta capacità di assorbire energia termica proveniente dal sole durante la giornata; al contrario, il suolo con superficie nuda consente il massimo assorbimento dell'energia termica disponibile. Pertanto in previsione di una gelata primaverile, può essere di aiuto lavorare il suolo e mantenendo pulito da erbe e residui vari, in quanto:

- il suolo nudo non lavorato e umido è più caldo;
- il terreno con inerbimento trinciato e con suolo umido è 1-2 °C più freddo del suolo nudo;
- il terreno con inerbimento a taglia bassa e con suolo umido

è 1-3 °C più freddo del suolo nudo;
- il suolo nudo non lavorato e asciutto è 2 °C più freddo del suolo nudo lavorato;
- il suolo appena lavorato è 2 °C più freddo del suolo nudo;
- il terreno con inerbimento a taglia alta è 2-4 °C più freddo del suolo nudo (condizione peggiore).

Questa affermazione, per essere generalizzata, dovrebbe basarsi su una più ampia casistica di esperienze, in quanto si potrebbero avere differenze di comportamento come conseguenza dell'interazione tra i molteplici fattori dell'ambiente pedoclimatico e dei caratteri del vigneto in oggetto. Nelle aree, pertanto, in cui questi eventi calamitosi si ripetono con una certa regolarità, può risultare utile una verifica effettuata dallo stesso viticoltore con il fine di appurare nella realtà dei suoi vigneti le condizioni di maggiore resistenza.

Anche il posizionamento dei germogli in altezza causa un potenziamento della resistenza nei confronti delle minime termiche, poiché la T° dell'aria è più bassa vicino al terreno.

Nei vigneti è stato misurato che, per ogni 10 cm di distanza da terra, si riscontra un aumento medio di 0,26 °C. Ciò significa che, in presenza di una minima termica di -5 °C, un germoglio viene completamente devitalizzato se è posizionato a 20 cm dal suolo (T stimata di -4,5 °C), mentre lo stesso germoglio posizionato ad un'altezza di 2 m dal suolo risulterà indenne, poiché la T sarà di circa +0,2 °C. Ciò suggerisce che nei sistemi di allevamento a tralcio rinnovato è bene ritardare sia la curvatura sia la legatura dei capi a frutto, per far sì che almeno i nodi che daranno origine ai germogli apicali si trovino a T più elevate.

1.17.5 Potatura tardiva

Come abbiamo già visto, subire una gelata tardiva grave, in molti casi, vuol dire non vendemmiare nell'anno in corso e avere piante mal predisposte per gli anni successivi[39]: facendo una potatura invernale mediamente tardiva, diciamo al massimo quando le gemme iniziano a gonfiarsi, la reazioni della pianta è quella di avere un piccolo arresto, per poi ripartire dopo qualche giorno.

La potatura tardiva "moderata" ha portato fino a 17 giorni nel ritardo del germogliamento[40], mentre quella molto tardiva ha portato ad un ritardo fino a 31 giorni con sicuri effetti nella protezione alle gelate tardive.

Si possono avere due modelli di lavoro:

- potatura posticipata su piante non potate;
- potatura precoce e secondo passaggio per rifinire.

Questa pratica è attuabile in particolare sul cordone speronato, più difficile e improbabile sul Guyot.

Il germogliamento inizia sempre dalle gemme apicali, mentre le gemme sottostanti accusano un ritardo di sviluppo crescente con la distanza dal nodo apicale. In tali casi, la minima termica danneggia solo i germogli apicali, successivamente rimossi, mantenendo vitali le strutture portate dalle gemme sot-

---

[39] Bigot G, Frioni T. Come si comporta la vite dopo un danno da gelata primaverile? 2021. *4Grapes,* https://www.facebook.com/4grapes.it/videos/4292783847433146.

[40] Bigot G, Palliotti A. Come ritardare il germogliamento della vite attraverso la potatura tardiva. 2021. *4Grapes,* https://www.facebook.com/4grapes.it/videos/140846187951113.

tostanti. L'impiego della pre-potatura meccanica nei cordoni speronati semplifica e accelera la rifinitura manuale, che verrà effettuata dopo il passaggio delle minime termiche.

La potatura proposta da questi modelli si può effettuare in due momenti:

- pre-germogliamento;
- post-germogliamento.

La potatura in pre-germogliamento può essere effettuata durante tre stadi fisiologici:

- endodormienza (inibizione della crescita regolata da fattori interni alla pianta, che impediscono il germogliamento anche se i fattori esterni sono ottimali per la crescita; questa viene soddisfatta dalle basse temperature invernali, cioè almeno 10 gg a temperature inferiori o pari a +8 °C);
- ecodormienza (superata la fase di endodormienza, la vite è fisiologicamente pronta per il germogliamento, ma devono essere soddisfatte anche le condizioni per il superamento della dormienza regolata da fattori esterni; questa porterà all'inizio del germogliamento se viene raggiunta una somma termica di temperature al di sopra di una certa soglia);
- durante la fase del "pianto della vite".

La potatura post-germogliamento richiede che siano padroneggiati i seguenti concetti[41]:

[41] Deloire A, Pellegrino A, Rogiers S. Ritardare il germogliamento e/o le fasi fenologiche non solo una questione di data di potatura. 2022. https://www.youtube.com/watch?v=G_iVRUIeQ7Y&t=249s&_ga=2.234579294.1167935246.1677833952-669997263.1677833952

- acrotonia della vite: in un tralcio le gemme ibernanti distali, più vicine all'estremità dello stesso, inibiscono la crescita di quelle basali per un periodo limitato; è una caratteristica varietale influenzata dall'ambiente di coltivazione;
- fillocrono della vite: tempo termico di sviluppo di due foglie successive o due fitomeri, ovvero la struttura nodo- internodo- gemma; è importante perché determina il tasso di crescita del germoglio;
- riserve di carboidrati: dal germogliamento all'inizio della fioritura la vite utilizza le riserve di zuccheri per la crescita dei germogli, delle infiorescenze e dei fiori.

Perciò, la potatura dopo il germogliamento (durante e dopo il normale periodo di germogliamento, quando le prime gemme ibernanti sono già aperte), è relazionata al concetto dell'acrotonia della vite. La stessa tecnica impiegata con il fine di ritardare le altre fasi fenologiche dovrebbe essere ragionata in accordo con il fillocrono e l'uso delle riserve utili per lo sviluppo dei giovani germogli. Ciò significa che il ritardo dello sviluppo fenologico non è solo un fatto di data di potatura, ma deve anche essere ragionato caso per caso (ambiente e genotipo), in relazione agli obiettivi pratici.

Il ritardo si mantiene anche durante la stagione? Il primo obiettivo sarebbe quello di sfuggire alle gelate, e il secondo potrebbe essere quello di riportare la maturazione in un periodo che vada ad occupare una finestra temporale più favorevole: la potatura tardiva normale aveva 3 giorni di ritardo rispetto al controllo, mentre la potatura tardiva "brutale" aveva 13 giorni di differenza rispetto al testimone (su Chardonnay a cordone speronato in pieno campo in Franciacorta ha ritardato rispettivamente di 21 e 24 giorni).

Tardando la potatura si rallenta il germogliamento delle gemme basali (per acrotonia)[42]: però è da tenere conto che l'energia che si utilizza per il primo germogliamento si paga in termini di riserve nutritive, e di conseguenza la produttività sarà inferiore mediamente del 20-25%, poiché alcuni dei grappoli che erano presenti all'avvio della stagione tendono alla filatura[43], in particolare quando si ritarda troppo il secondo passaggio di potatura. Dipende anche molto dall'epoca in cui viene effettuata la potatura tardiva su cordone speronato: è stata provata in BBCH15-lunghezza del germoglio di 10 cm e la produzione è calata del 20-25%, in BBCH55 con lunghezza di 20-25 cm la produzione si è quasi azzerata perché le infiorescenze si perdono, filano o le gemme sono cieche. Il punto ideale potrebbe essere BBCH 8 (punta verde), per cui si spostano le fasi fenologiche in avanti con una parte finale di maturazione più avanti nel tempo: dalla tesi BBCH15 (lunghezza cm 10) con una produzione calata del 20-25% si è visto che sulla porzione che rimane c'è un miglioramento qualitativo fenolico (antociani e polifenoli) e una migliore acidità.

Sul cordone speronato la potatura tardiva in BBCH15 – lunghezza del germoglio 10 cm ritarda il germogliamento delle prime due gemme franche di 10-14 giorni.

Inoltre si ottengono grappoli più spargoli con acini più piccoli e buccia più spessa, perché si riduce l'allegagione in quanto

[42] https://www.youtube.com/watch?v=Nw8rxQ7VgXQ

[43] Filatura del grappolo: si tratta di grappoli che in parte o totalmente regrediscono a viticci; è un processo che avviene dopo la schiusura delle gemme e nel corso del completamento della differenziazione del grappolo (inizio primavera); è un disturbo degli ormoni della vite, citochinine e giberelline: l'infiorescenza si allunga e al posto dei racemi laterali si formano dei viticci e poi disperde il grappolo (organi del viticcio: ipoclado e brattea).

avviene in un quadro nutrizionale inferiore di piante potate in inverno, dove c'è maggior competizione (la nutrizione è richiamata in particolare dall'apice vegetativo).

In ogni caso, potare quando le gemme si gonfiano sposta in avanti da 4-5 giorni fino a 7 giorni il germogliamento; bisognerebbe solo valutarlo nelle zone meno vigorose o per viti a debole vigoria.

Si può fare anche nei sistemi di allevamento a potatura lunga, lasciando più gemme possibili rispetto al numero previsto per il capo a frutto (se è possibile per l'altezza della parete) perché si va a sfruttare il comportamento acrotono della pianta; il progetto è partito per posticipare il germogliamento, ma anche con l'obiettivo di spostare in avanti la maturazione tecnologica (non è una tecnica flessibile).

Sul Guyot si potrebbero lasciare anche più tralci per ritardare il germogliamento, ma l'acrotonia è influente per singolo tralcio, e non si riesce ad avere influenze importanti come per il cordone speronato (anche se non ci sono grosse esperienze su Guyot!).

In caso di gelata e senza potatura tardiva, abbiamo visto che il sistema di allevamento influisce perché il tralcio lungo resiste molto di più di uno corto come nel cordone speronato, poiché il germogliamento è più scaglionato nel tempo (il cordone speronato ha sincronia di germogliamento differente dal Guyot, invece dominato dall'apice).

Per la doppia potatura, va fatta una distinzione tra cordone speronato e Guyot; in entrambi i casi ci sono due fasi.

Su cordone speronato: in inverno, quando uno vuole, effettua il passaggio della pre-portatrice a circa 7-8-9 gemme al massimo (quindi anche già stralciata), e poi per aumentare le possibilità di sfuggire alla gelata, devo mettere la vite in condizioni di sopportare una gelata che arriva a colpire la parte apicale dei germogli già partiti e che mi consente l'accorciamento dello sperone in un secondo passaggio di potatura. Ma fino a quando posso aspettare per la speronatura? Fino a quando sui nodi apicali si sono formate al massimo 1-2 foglioline visibili, ma non di più, altrimenti arrivano effetti negativi sulla produzione dell'anno (bisogna essere molto precisi); questo fa guadagnare un paio di settimane rispetto al germogliamento normale.

Anche su Guyot è applicabile, con un'articolazione maggiore, ma da un punto di vista tecnico le fasi sono sempre le medesime: si pota quando uno vuole per portarsi avanti coi lavori, ma lasciando il capo a frutto e lo sperone/i il più lungo possibile perché abbiano quell'esubero di lunghezza di potatura in eccesso rispetto al necessario per poter fare il "giochino" del doppio passaggio. Il tralcio lungo e non legato favorisce l'acrotonia: non effettuando uno dei due principi, si riducono gli effetti.

A livello di prova, sul Sangiovese a cordone speronato è stato evidenziato che il posticipo di germogliamento con la potatura fatta non oltre le due foglioline, è stato di 17 giorni; si può aumentare il ritardo fino ad un mese, ma con ripercussioni negative sulla produzione. Qui si innesca un altro discorso sulle altre fasi fenologiche poiché la fioritura era traslata di 12 giorni e quindi c'è anche la possibilità di procrastinare la vendemmia, ottenendo un leggero calo produttivo e qualitativamente portando ad un ritardo di maturazione: a parità di data di raccolta delle due tesi, si è ottenuto un grado in meno sul °Bx e con acidità più alta, e antociani e polifenoli più alti della tesi aziendale.

Da tenere in considerazione che anche la gestione del suolo modifica la date del germogliamento: il vigneto inerbito ha un ritardo di 3-4 giorni rispetto al terreno lavorato (poiché l'apparato radicale si muove grazie alle temperature radicali).

1.17.6 Potatura tardiva: gli effetti sulla qualità dell'uva[44]

La rifinitura della potatura secca e quindi il ritardo della ripresa vegetativa al germogliamento permetterebbe di ritardare le fasi fenologiche, ridurre l'accumulo zuccherino alla vendemmia e sincronizzare la maturità tecnologica con quella fenolica.

Prendiamo in considerazione una prova triennale nei colli Bolognesi su Merlot a cordone speronato: su piante pre-potate a 7-8 nodi, la rifinitura è stata eseguita quando i germogli apicali erano nelle fasi BBCH13 e BBCH18 con 5 speroni totali a 2 gemme.

Tutte le fasi fenologiche sono state ritardate dalle potature tardive, ma si sono progressivamente riallineate nel corso della stagione vegetativa (Tabella 1.19); la concentrazione zuccherina è stata ridotta, la rifinitura in fase BBCH 13 ha visto calare la produttività di circa il 40% e non ha indotto effetti negativi sulla maturità fenolica. La rifinitura in fase BBCH 18 ha causato una drastica riduzione produttiva di circa il 70% e ha aumentato i tannini estraibili di buccia e semi, rivelando ripercussioni negative sulla maturità fenolica (Tabella 1.20).

Tabella 1.19 – Ritardo delle fasi fenologiche con potatura effettuata in BBCH13 e BBCH18

Tesi	Ritardo del germogliamento (gg)	Ritardo della fioritura	Ritardo all'invaiatura
BBCH13	30	12	8
BBCH18	45	24	17

[44] Palliotti A. Caolino su vite con effetto sun-screen. 2022. *Vinidea, Masterclass sul Suolo e sugli Stress Climatici in Vigneto.*

Tabella 1.20 - Parametri produttivi delle prove di potatura in BBCH13 e BBCH18 rispetto alla tesi aziendale

Media parametri produttivi e competitivi (2014-2016)	**Aziendale**	**Rifinitura della potatura in BBCH13**	**Rifinitura della potatura in BBCH18**
produzione kg/pianta	2,68	1,6	0,78
grappoli / pianta	13,9	13,3	11,5
peso grappolo g	185	116	65
peso acino	2,13	1,89	1,54
solidi solubili °Bx	24,5	23,5	22,5
pH	3,62	3,53	3,47
acidità	5,78	6,76	7,84

1.17.7 Altri metodi di prevenzione alle gelate

Il controllo esogeno prevede l'applicazione di prodotti che inducono un cambio della fisiologia della pianta o che vanno a ridurre gli effetti del gelo sulle piante. L'olio di soia e l'acido abscissico (ABA) sono stati testati per la loro influenza sulla capacità di ritardare il germogliamento[45], il primo, e prolungare la dormienza endogena il secondo, ma con scarsi risultati su vite. L'effetto dell'olio di soia si è rivelato molto dipendente dal tipo di cultivar con risultati inconsistenti. L'ABA ha un affetto sulle gemme dormienti e viene prodotto durante il periodo estivo e accumulato nei tessuti della gemma. Per smaltire l'ABA accumulato, la vite deve sperimentare circa 200 ore di freddo

[45] Trattamenti per ritardare la chiusura delle gemme: con Amigo Oil si ha un ritardo fino a circa 2 settimane con una riduzione della produzione del 40% (Riesling Dott.ssa Michela Centinari Penn State University); nuovo approccio ma da verificare: *Pseudomonas syringae* (fino a 10.000/cm^2) con trattamenti a base di rame aumenta di 3 °C la resistenza al congelamento, in alternativa *Pseudomonas fluorescens* A506 che controlla *Pseudomonas syringae.*

e durante la stagione invernale bastano poche settimane per essere completamente degradato; questo significa che la dormienza endogena non gioca un ruolo fondamentale nel ritardo del germogliamento, infatti applicazioni di ABA esogeno non hanno mostrato risultati soddisfacenti. Un altro prodotto, come il Frostshield, è stato testato in campo e le piante irrorate hanno mostrato un ritardo del germogliamento di circa 4-6 giorni. Ciò che effettivamente mantiene la pianta in uno stato fisiologico quiescente è l'ecodormienza, ovvero le condizioni ambientali non favorevoli alla ripresa vegetativa e solo una volta che la pianta sperimenta un certo numero di ore di caldo si verifica il germogliamento. L'irrorazione di acqua sulle piante durante i giorni invernali con temperature molto alte sopra i 6-7 °C ha dimostrato ridurre la temperatura che sperimenta la pianta, abbassando le ore di caldo accumulate e ritardando il germogliamento. Questa tecnica è molto dispendiosa in termini di volumi d'acqua e non applicabile in tutte le aree dove è presente la viticoltura.

Il processo di congelamento dell'acqua non necessariamente si verifica a 0 °C, infatti la presenza di particelle sulla superficie delle piante funge da nuclei per la cristallizzazione eterogenea. Diversi studi hanno dimostrato che la cristallizzazione sotto i -5 °C è promossa dalla presenza di batteri che inducono la nucleazione eterogenea. *Pseudomonas syringa, Erwinia herbicola e P. fluorescens* sono i principali batteri classificati Ice-Nucleating Active (INA batteri): sono portatori di un gene per la sintesi della proteina INA che promuove la nucleazione precoce dei cristalli d'acqua, incrementando la suscettibilità al freddo. Per ridurre la concentrazione degli INA batteri sono stati testati diversi spray a base di rame-zinco e batteri competitivi (NINA batteri) per il contrasto biologico con risultati discreti. Purtroppo su vite la scarsa presenza di NINA batteri e la scabrosità della superficie, che andrebbe ad incidere sulla formazione dei cristalli di ghiaccio, non ha dato risultati soddisfacenti.

L'installazione di ventole per il movimento dell'aria è molto efficace per modificare il gradiente di temperatura che si genera negli strati atmosferici. Creando delle perturbazioni, l'aria fredda si mescola con l'aria più calda in alto, omogenizzando il gradiente termico atmosferico. Questo sistema è efficiente con gelate forti, fino a -4, -5 °C perché evita il ristagno dell'aria fredda vicino al terreno e permette l'avvezione di aria più calda, evitando i danni da gelo. I costi sono relativamente alti nell'immediato, ma se le gelate si presentano con una frequenza elevata, la spesa è assolutamente giustificata e recuperata nel breve termine.

Un altro sistema utilizzato per ridurre i danni da gelo è l'irrigazione a pioggia sopra la chioma con elevati volumi di acqua, simulando una pioggia di 3-4 mm/ora che corrispondono a 30-40 m^3/ora/ha. Questa tecnica si basa sul principio di cessione di calore latente andando ad evitare cali di temperatura al di sotto della soglia dannosa alla vegetazione; l'acqua viene continuamente distribuita per tutto l'arco temporale in cui la temperatura atmosferica risulta critica, fin quando non raggiunge 0 °C. Questa tecnica crea uno strato di ghiaccio protettivo che evita che i germogli e i tralci sperimentino temperature molto basse. Per avere una buona protezione, si deve distribuire un quantitativo di acqua sufficiente a proteggere i giovani germogli, che sono molto suscettibili al freddo.

Il calo termico a cui si assiste durante la gelata corrisponde ad uno squilibrio energetico, per questo le piante e il terreno cedono energia, sotto forma di calore all'atmosfera. Il concetto dei bruciatori si basa sul ripristinare l'energia persa, utilizzato postazioni che produco calore, tramite la combustione di sostanza ad alto contenuto energetico.

Vi sono bruciatori che funzionano con gas-liquidi combustibili (propano, butano, carburante di diverso tipo) con una spesa di installazione per ettaro di 3-9.000 euro, più il costo della manodopera e del carburante. I bruciatori permetterebbero di omogenizzare l'aria dove avviene l'inversione termica, riducendo il rischio di gelate.

È importante l'adeguata disposizione e il numero dei bruciatori. Dato che questi strumenti producono calore che si sposta inevitabilmente verso l'alto, il movimento dell'aria riscaldata richiama aria fredda dai lati: la disposizione dovrà essere consistente sui bordi dell'appezzamento per ridurre l'entrata di nuova aria fredda. Il numero di bruciatori dipende dall'energia sprigionata dalla combustione del carburante utilizzato. In media è stimato che l'energia per unità di superficie richiesta varia da 140 a 280 W/m^2, questo significa un numero di bruciatori che va da 100 a 400 per ettaro (ogni 7-8 m, minimo 300 ad ettaro).

Uno strumento molto utilizzato in viticoltura sono le candele antigelo, cioè bidoni da 20-30 kg circa contenenti paraffina o cere di origine vegetale che hanno una durata di 8-10 ore; sono facilmente trasportabili e utilizzabili in più tempi. Per ottenere un risultato modesto, servono almeno tra le 300 e le 350 candele per ettaro (densità 5x5), poste soprattutto ai bordi del terreno, tenendo conto della direzione del vento. Le condizioni di base affinché queste fonti di calore possano apportare benefici sono una temperatura di non oltre i -4/-5 °C e l'assenza di vento[46]. Il costo delle candele si aggira tra gli 8,3 - 9 €/cad.,

[46] https://azienda.cereriadigiorgio.it/candele-antibrina/.

circa 3.000,00 €/ha +IVA al netto del costo della manodopera (2021).

Conoscendo la fisiologia della pianta, possiamo intervenire in diversi modi per aumentare la resistenza al freddo. La vite produce radici durante la fine del ciclo vegetativo in modo da accumulare riserve: concimazioni mirate in questa fase promuovono l'attività delle piante che riescono a ritardare la caduta delle foglie e accumulare più riserve del tronco risultando meno sensibili al freddo invernale.

Alcuni accorgimenti tecnici per prevenire i danni da gelata sono anche di aumentare il contenuto idrico del terreno (irrigare con ogni mezzo) e mantenere il terreno libero da infestanti e altri residui di vario genere.

1.18 Le gelate: osservazioni del passato

Si riporta a tale proposito un elenco dei principali fattori predisponenti ai danni che O. Ottavi e A. Marescalchi indicarono nel 1909[47].

- natura del vitigno: la maggiore diversità di resistenza si nota tra viti europee e viti americane; queste ultime risultano infatti più resistenti; alcune differenze, seppur di minor entità, si possono comunque notare anche tra le cultivar europee;
- prosperità della vegetazione: le viti che manifestano una imperfetta lignificazione dei tralci a seguito di sofferenze trascorse imputabili a età, danni da grandine, geli primave-

[47] Ottavi O, Marescalchi A. I Principi della Viticoltura. 1909. *Biblioteca Agraria Ottavi,* Vol. LXXXVIII

rili, clorosi ferrica da calcare, ecc. sono più esposte all'azione del freddo;

- quantità di acqua nei tessuti: resistono meno bene le viti piantate in luoghi bassi e umidi, i tralci delle gettate di innesto di 1 anno; le viti concimate lautamente e a vegetazione rigogliosa, quelle irrigate;
- disidratazione: quando ad un periodo siccitoso succede un inverno altrettanto asciutto e inoltre freddo, i terreni leggeri e lavorati in autunno sono soggetti alla penetrazione del gelo e l'acqua ivi contenuta non risulta così più disponibile; non essendo quindi più possibile rifornire le parti epigee delle perdite subite per evaporazione, la pianta spesso muore per disseccamento;
- epoca in cui agisce il freddo: quanto più ci si avvia verso la fine dell'inverno e si rende prossimo il risveglio vegetativo, tanto meno la vite risulta protetta dall'azione del gelo;
- durata del freddo: maggiore è la durata e tanto più estesi e irreversibili risultano i danni;
- alternanza tra gelo e disgelo: questa particolare condizione appare via via sempre più dannosa avvicinandosi al risveglio vegetativo; ad essa fu in passato attribuita la massima moria di viti;
- natura del terreno: i suoli argillosi, umidi e compatti risultano quelli più esposti all'azione del gelo negli inverni con accentuata alternanza di temperature;
- mancanza della neve: il manto nevoso rende il vigneto meno predisposto ai danni del gelo.

CAPITOLO DUE

Gestione del terreno

2.1 Il suolo e la sua fertilità

Il suolo è un sistema dinamico e vivo, ricco di interazioni tra gli elementi chimici, le radici e i microrganismi che lo abitano. Questi fattori garantiscono la fertilità del suolo e preservandoli si può migliorare la salute del vigneto e di conseguenza il prodotto che ne deriva.

La fertilità del terreno corrisponde alla sua capacità di essere produttivo nel tempo ed è legata al suo stato fisico, chimico e microbiologico.

Il controllo della "qualità del suolo" è una questione importante per la viticoltura in quanto le proprietà fisiche, chimiche e biologiche hanno effetti e interazioni che determinano un funzionamento più o meno efficiente del vigneto in termini di produzione e di qualità dell'uva, di impatto ambientale e di sostenibilità dei sistemi viticoli.

Una delle tecniche più conosciute è la concimazione che permette di costruire e mantenere le riserve nutritive e che deve tenere conto dei diversi fattori di coltivazione e dell'attività microbiologica dei suoli.

Infatti per ripristinare o addirittura migliorare la fertilità del terreno non bisogna guardare solo alla concimazione, ma anche a tutte le pratiche agronomiche che migliorano la struttura dei suoli e che aumentano i contenuti di sostanza organica. L'obiettivo nel medio-lungo termine deve essere la conservazione della fertilità dei suoli, evitando problematiche come la stanchezza del terreno e lasciando in eredità suoli coltivabili sempre fertili.

Da sapere che al momento del germogliamento, la pianta necessita di molti nutrienti che non può prelevare dal suolo, ma li preleva dalle proprie riserve (ruolo chiave) fino alla fase di bottoni fiorali separati.

2.1.1 La fertilità fisica[1]

La fertilità fisica è quella che si lega alla struttura, dipende principalmente dalla composizione granulometrica e dal rapporto tra sabbia, limo e argilla. Questa a sua volta è legata alla sostanza organica e a come si dispongono le particelle nel suolo, che tipo di aggregato formano e quanto spazio forniscono alle radici (quali e quanti spazi ci sono tra gli aggregati, come si muove l'acqua che non ristagna, quanto ossigeno entra per l'attività microbica del suolo). Le radici trasformano la fotosintesi in suolo, nutrendo i microrganismi, i quali aggregando la frazione minerale con la sostanza organica strutturano ciò che era roccia nel terreno; gli aggregati così formati possono trattenere acqua e nutrienti e restituirli alle piante.

[1] Bigot G, Zanotti R. Fertilità fisica del terreno: il sovescio. 2022. *4Grapes,* https://www.facebook.com/4grapes.it/videos/639904110836859.

Tabella 2.1 – Alcune caratteristiche fisiche di terreni argillosi e sabbiosi

	Terreni argillosi	Terreni sabbiosi
Permeabilità	4 mm/h	50 mm/h
Lisciviazione	bassa	alta
Punto di appassimento (m^3/ha acqua)	1.900	700
Mineralizzazione sostanza organica	lenta	veloce

Da tenere in considerazione che in modo differente tra argilla e sabbia, la tecnica di lavorazione del suolo influisce sulla conservazione della sostanza organica e dell'azoto.

Per esempio, la permeabilità di un terreno sottolinea la capacità di maggiore o di minore accumulo idrico di un suolo nel caso di precipitazione estiva, da cui può derivare la diversa opportunità di gestione, tra inerbimento e lavorazione.

Infatti la struttura del terreno influenza anche il punto di appassimento, la mineralizzazione e la lisciviazione (Tabella 2.1), pochi parametri che tuttavia esprimono quanto sia importante una conoscenza approfondita della struttura fisica per definire le strategie colturali più opportune.

Inoltre il tipo di suolo influenza anche lo sviluppo delle radici e la capacità di assorbimento radicale: ad esempio, nei suoli alluvionali e facilmente dilavabili, è necessario abbondare con la concimazione rispetto a suoli più franchi - strutturati e più fini.

2.1.2 La fertilità biologica

I microrganismi sono fondamentali per la vita dell'uomo sulla terra dato che svolgono diversi ruoli che ci consentono di vivere, per esempio la degradazione della sostanza organica morta.

Il suolo è vivo e i numerosi esseri viventi (microrganismi, lombrichi, ecc.) che lo abitano hanno un impatto diretto sul suo funzionamento, sulle proprietà agronomiche (stabilità strutturale, resistenza all'erosione) e fisico-chimiche (ciclo dell'azoto e del carbonio).

Il ciclo della sostanza organica del suolo è fonte di vita immensa ed è il fenomeno che garantisce la fertilità del terreno. Nel suolo abbiamo cinque frazioni di sostanza organica, che vanno dalle spoglie di tutto ciò che cade al suolo (foglie, ecc.) che a mano a mano si disfa, passando per la forma degradata ma non decomposta, fino alla forma più complessa che è l'humus. Quest'ultima è la forma più stabile del suolo ed è quella che garantisce le funzioni vitali perché porta alla formazione dei colloidi, permettendo il trattenimento dell'acqua, stabilizzando il profilo e fornendo tutta una serie di "servizi ecosistemici del suolo", senza i quali non sarebbe vivo.

La sostanza organica è l'alimento principale dei microrganismi e il suolo contiene il 95% di biodiversità dell'intero pianeta; questi microrganismi hanno funzioni diverse, fra cui la mineralizzazione della sostanza organica, che rende disponibile per la pianta i principali elementi minerali, come N, P, K.

Nel caso di perdita di fertilità biologica, le principali cause sono identificabili nel degrado in cui va incontro il suolo, fra cui[2]:

- erosione: lo strato superficiale contiene la maggior parte dell'attività microbica, che vive nei primi 5 cm del suolo (è

[2] Benedetti A. Come ripristinare la fertilità biologica del suolo. 2016. *L'informatore agrario,* 29, (45-47).

"l'epidermide"), in caso di erosione si accumulano nella parte di fondo del campo;
- perdita di sostanza organica e di fertilità;
- frane;
- cementificazione;
- salinizzazione;
- compattazione;
- inquinamento.

A loro volta ciascuna di queste espressioni può essere declinata in una miriade di cause: prendiamo ad esempio la voce "inquinamento", che può avvenire per contaminazione del suolo da sostanze chimiche indesiderate, quali metalli pesanti, agrofarmaci, eccesso di nutrienti, ma anche patogeni, immissione di organismi alieni, radioattività, ecc. Pertanto la perdita di fertilità biologica è molto più frequente di quello che si potrebbe credere.

Altra considerazione che va assolutamente portata all'attenzione riguarda il servizio ecosistemico della formazione di suolo garantito dai microrganismi: per avere la formazione di 1 cm di suolo fertile occorrono 1.000 anni, questo implica che il suolo è una risorsa non rinnovabile che va protetta e conservata. Sorge allora spontanea la domanda: è possibile recuperare biologicamente un suolo? La risposta è sì, ma il processo è lungo e difficile[3].

I microrganismi che mineralizzano la sostanza organica assorbono ossigeno e producono anidride carbonica; queste reazioni aerobiche possono essere misurate captando l'anidride

[3] Bigot G, Benedetti A. Fertilità biologica del suolo e qualità delle uve. 2022. *4Grapes,* https://www.facebook.com/4grapes.it/videos/3258593 40 1123153.

carbonica nel suolo, per valutare e quantificare sia la presenza sia l'attività dei microrganismi nel suolo.

Ci sono dei fattori limitanti per la vita degli organismi:

- temperatura: i microrganismi sono attivi tra -5 °C e 30 °C, oltre questi range entrano in fase di riposo; la massima efficienza varia per ogni microrganismo, anche in relazione all'ambiente di coltivazione;
- umidità;
- quantità d'acqua;
- contaminanti;
- elementi nutritivi e sostanza organica.

Gli elementi nutritivi che arrivano alla pianta per produrre qualità e per il terroir sono diciotto, di questi tre sono fondamentali quali azoto, fosforo e potassio, ma bisogna guardare anche agli altri elementi e soprattutto alla loro biodisponibilità.

Nella pianta (e nell'uomo) esistono vie metaboliche che si sovrappongono nel metabolismo primario a carico di N, P e K; l'azoto è fondamentale per esempio per la sintesi proteica e per la produzione di energia (ATP). Comunque, oltre a questi tre macroelementi, per i processi metabolici sono necessari elementi secondari o microelementi, cioè minerali che sono richiesti in quantità inferiori.

Ciascun microelemento è governato da una comunità microbica specifica, che veicola la nutrizione specifica soltanto ai consumatori principali di N, P e K e non alimentano tutte le altre comunità a carico delle quali si vanno a immobilizzare i microelementi; bisogna quindi equilibrare questo tipo di microrganismi necessari che diversamente non vengono attivati.

Una pianta stressata è una pianta in difficoltà, mentre una pianta che vive in un ambiente edafico equilibrato con attività e complessità microbiche riesce a mettere in atto le proprie autodifese nei confronti di agenti patogeni.

Come ci si può arrivare? Fornendo alimenti e acqua, evitando le condizioni di stress e soprattutto favorendo il metabolismo secondario, ponendo attenzione a quelle pratiche che vanno ad incrementare la biodiversità, come il mantenimento della sostanza organica (attenzione al tipo di sostanza organica che deve essere simile all'humus, stabile e non eccessivamente mineralizzabile).

Differenziando i percorsi di fertilizzazione è possibile seguire analiticamente la composizione della biomassa microbica del suolo, fino ad arrivare a vedere i microrganismi che popolavano quell'ambiente. La stessa definizione è stata fatta in cantina a livello di fermentazione alcolica dove si è visto come le diverse pratiche agricole sviluppano comunità microbiche diverse sul grappolo che risultano strettamente collegate a quelle del suolo. Alla degustazione, il vino più apprezzato è quello che risulta da attività microbiche maggiori perché ha sviluppato maggiormente gli aromi derivati dall'attività metabolica secondaria: si può dire che la vinificazione inizia nel suolo.

Questo conferma come gli stessi vitigni coltivati in aree diverse siano diversi perché strettamente legati al territorio.

2.1.3 La fertilità chimica

La fertilità chimica corrisponde alla presenza nel terreno dei diversi elementi chimici e può essere espressa, in modo approssimativo, come Capacità di Scambio Cationico (CSC), cioè la proprietà del terreno di rendere disponibili alle radici delle piante i diversi elementi chimici sotto forma di cationi. Questo significa che talvolta possono essere presenti degli elementi chimici, ma non risultano disponibili perché la loro forma

Tabella 2.2 – Ruolo di macro e microelementi nella fisiologia della pianta e picchi di assorbimento e di fabbisogno* (rielaborata)

Elemento	Funzione
Azoto	cardine nella fotosintesi riserva per gli aminoacidi e per il trasporto di altri elementi ruolo fondamentale per le sostanze aromatiche primarie
Fosforo	elemento necessario per crescita e produzione di energia nella pianta (base per DNA e ATP); in alcune prove è emerso un aumento del numero di grappoli presenti
Potassio	ha diversi ruoli fisiologici sull'acino (crescita, equilibrio, traslocazione degli zuccheri) va dosato in base al potenziale enologico (azioni su pH, perdita di acidità, fragilità microbica, perdita di freschezza ed evoluzione più rapida); è utile soprattutto nelle zone fredde eccessi di potassio modificano la conservabilità del vino: si alterano APA e acidità; salifica legando il malico e facendolo precipitare; utile alla maturazione del legno (attenzione alle annate siccitose, diventa insufficiente)
Magnesio	presente nella molecola clorofilliana e coinvolto nella produzione di zuccheri, nella formazione di sostanze pectiche, proteine, vitamine, xantofille e carotenoidi; interviene nel metabolismo di N e P e nell'assorbimento dell'acqua; risulta molto mobile per via xilematica, va in competizione con il K
Calcio	principali ruoli strutturali: aumenta la resistenza dei tessuti vegetali (bucce) con maggior resistenza ad insetti e funghi
Ferro	fondamentale nella fotosintesi
Manganese	fondamentale nella fotosintesi, ma tossico a livelli elevati
Boro	importante nella fioritura anche se non sempre unico responsabile ma va cercato con fosforo e magnesio

* *Porro D, Dorigatti C. Meglio concimare la vite con apporti frazionati. 2009. L'Informatore Agrario, 9 (27-47)*

chimica non lo permette. Ogni elemento ha una funzione ben precisa e una sua carenza o una non disponibilità comporta svariati problemi fisiologici alla pianta (Tabella 2.2).

I fattori che determinano il valore di CSC sono la sostanza organica e l'argilla, che rendono disponibili i diversi elementi chimici alle radici; la loro presenza è uno degli indici di fertilità del terreno. Ricordiamo che la sostanza organica, specie se ben umificata, è presente anche negli strati profondi del terreno.

Inoltre la reazione del terreno può influenzare la biodisponibilità degli elementi; ad esempio a pH acidi intorno ai 5,5 i macroelementi come azoto, fosforo e potassio risultano poco disponibili per la pianta (Figura 2.1), in particolare il fosforo che si lega agli ossidi e idrossidi di alluminio e di ferro, mentre i microelementi vengono assorbiti facilmente.

In caso di terreni moderatamente acidi, la distribuzione periodica di calce magnesiaca in inverno - inizio primavera (al-

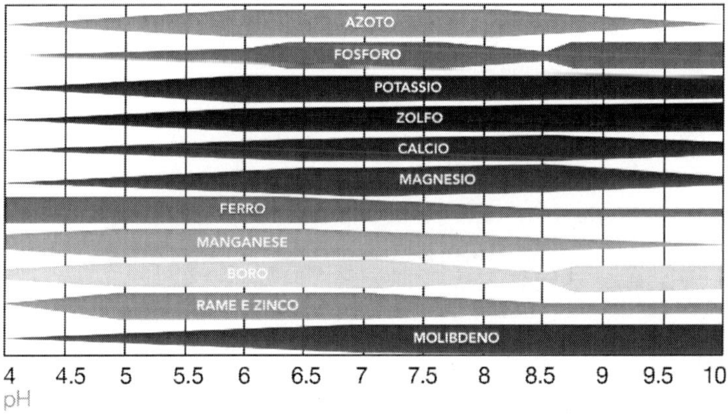

Figura 2.1 – Disponibilità di macro e microelementi in relazione al pH del suolo. Fonte: https://www.arpaspeciali.com/guide/come-e-perche-impiegare-ammendanti-e-correttivi/

meno una volta ogni 4-5 anni a 10-15 q/ha oppure 2-3 q/ha all'anno) consente di modulare il pH del terreno (attività ammendante), che nel tempo tende naturalmente a calare, determinando difficoltà nell'assorbimento degli elementi nutritivi; per di più l'apporto di magnesio è utile soprattutto per limitare la fisiopatia del disseccamento del rachide. Negli ultimi anni sono disponibili preparati a base di calcio-magnesio dalla formulazione innovativa, che rispetto alla classica calce in scaglie rende più facilmente disponibili gli elementi (ad esempio il Dolokorn).

2.1.4 Azoto (N)

L'azoto è essenziale per la costituzione delle proteine, degli aminoacidi, degli acidi nucleici, della clorofilla e degli alcaloidi; è l'elemento fondamentale per la crescita vegetativa delle piante e influenza di più di altri le rese produttive, infatti costituisce circa 1,5% del peso secco.

Il suo eccesso causa un ritardo delle fasi fenologiche, una minor resistenza alle avversità ambientali e patologiche, un aumento dei consumi idrici e una scarsa qualità delle uve (attraverso l'ombreggiamento, il ritardo della maturazione, la diminuzione degli zuccheri); al contrario una carenza può determinare basse produzioni, vegetazione stentata, anticipo della maturazione e della caduta delle foglie, scarsa qualità del mosto e fermentazioni difficili (Tabella 2.3).

L'azoto ha un effetto indiretto sulla sintesi di metossipirazine perché induce la produzione di più foglie, più massa e ombrosità; non c'è effetto diretto in quanto la concentrazione di azoto nelle molecole è nell'ordine dei nanogrammi. Lo stesso vale per i tioli: la loro biosintesi è stimolata dai composti azo-

Tabella 2.3 – Effetti di eccesso e carenza di azoto

Carenza di N	Eccesso di N
Crescita stentata, lenta, foglie verde pallido, foglie piccole. Fioritura e allegagione lenta. Invaiatura lenta e irregolare così come la maturazione. Si presenta in suoli poveri di sostanza organica, in suoli freddi in primavera, in suoli acidi, in terreni con inerbimento permanente, in suoli asfittici.	Crescita vigorosa, germogli e internodi lunghi. Foglie grandi e verde scuro. In suoli con buona disponibilità idrica induce ad una crescita continua e richiede ripetute cimature per contenere la vegetazione. In suoli con poca disponibilità idrica estiva induce ad una crescita squilibrata della vegetazione rispetto all'acqua disponibile. La vegetazione e il grappolo risultano sensibili alle malattie, in particolare alla botrite. L'invaiatura è lenta (competizione tra attività vegetativa e maturazione) con difficoltà di sintesi del colore nelle cv rosse. Questo fenomeno è accentuato con l'eccesso di K. Si presenta in suoli ricchi di SO (>1,5% e con pH>7,0), dopo apporti massicci di SO, apporti massicci di N-min, apporti medi di N-min in suoli a contenuto medio di SO (1,0-1,5% e con pH>7)
Bassa disponibilità di APA (min 140 mg/L) – rallentamento e blocco della fermentazione alcolica. Vini in riduzione. Vini bianchi e Vini rosé – vini ossidabili (invecchiamento ossidativo), poco aromatici a causa dei bassi livelli di glutatione.	Vini poco concentrati, sensazioni gustative "verdi" (erbacee, pirazine), anche quando i vini hanno contenuti in alcol elevati. Nei vini bianchi porta alla precipitazione delle proteine (Casse proteica). Nei vini rossi durante l'invecchiamento porta alla formazione di carbammato di etile (cancerogeno) a partire da urea, e di ammine biogene (allergeni).

tati, nonostante i tioli siano composti solforati in quanto più foglie proteggono di più e limitano la degradazione.

Oltre all'apporto esterno di azoto bisogna tenere in conto della fissazione simbiotica che può avvenire ad opera dei batteri *Rhizobium*, che vivono in simbiosi con le radici delle leguminose e possono fissare fino a 10 kg/ha di azoto all'anno.

La dinamica stagionale di assorbimento dell'azoto si caratterizza per un andamento piuttosto costante nel corso della stagione vegetativa, approssimativamente il 30% circa dell'azoto viene assorbito nel periodo di germogliamento-fioritura, dall'emergenza della quinta foglia in poi, il 40% nell'intervallo fine fioritura-invaiatura (per la sintesi di amminoacidi e composti aromatici,) e il rimanente 30% circa nel periodo vendemmia-caduta foglie.

Per questo motivo, la distribuzione dell'azoto sarebbe da dividere nei due momenti più attivi per la radice (in relazione alla forma da utilizzare), in modo che venga assorbito a livello radicale e sia immagazzinato in forma di amminoacidi negli organi permanenti del legno (tronco e radice). La somministrazione in un unico momento non rispetta quindi la fisiologia della pianta e porta al dilavamento dell'azoto, con accumulo nelle falde acquifere e alterazione degli ecosistemi ambientali.

Una scarsa nutrizione azotata si ripercuote sul contenuto del mosto dell'azoto prontamente assimilabile dai lieviti, cioè la quota di azoto ammoniacale o amminoacidico, prolina esclusa, con influenze negative sulla regolarità dei processi fermentativi o sulla qualità aromatica dei vini, in particolare bianchi e spumanti.

Nella fase di post raccolta, la pianta deve costruire le riserve per l'anno successivo necessarie alla ripartenza, in particolare quelle di azoto. Infatti dopo la vendemmia le foglie ingialliscono perché la pianta trasferisce gli accumuli di nutrienti (il 70% delle riserve azotate) dalle foglie a radici e ceppo. In questo periodo, le radici consumano energia per aumentare massa e volume per formare radici attive, che seppur piccole, cooperano all'attività assorbente.

2.1.5 Fosforo (P)

Il contenuto nei vegetali è molto basso, tra 0,1% e 0,3% di sostanza secca, ma il suo ruolo è fondamentale: è responsabile degli scambi energetici, costituisce gli acidi nucleici e le membrane cellulari (fosfolipidi), favorisce l'accrescimento degli apici radicali e dei germogli. Nelle piante giovani, favorisce lo sviluppo delle radici ed è necessario nelle fasi di fioritura e di allegagione.

Il fosforo è mobile all'interno della pianta sia per via floematica sia per via xilematica; la mobilità del fosforo nella soluzione circolante del terreno è tuttavia limitata, mentre l'assorbimento attivo da parte della radice comincia circa tre settimane dopo il germogliamento e raggiunge il suo massimo all'invaiatura. Per cinque settimane dopo la raccolta fino a caduta foglie, si accumula sugli apici vegetativi e sulle giovani gemme.

La carenza diminuisce la formazione di infiorescenze di fertilità, se si verifica dopo la fioritura può causare la riduzione del numero di bacche, del peso medio e del numero dei grappoli.

2.1.6 Potassio (K)

Questo elemento è un regolatore fisiologico del biochimismo glucidico e protidico, è coinvolto nel trasporto dei carboidrati, negli scambi idrici, nella salificazione degli acidi organici dei frutti; una buona nutrizione in potassio migliora la sintesi degli antociani.

È in antagonismo con altre forme cationiche, specialmente magnesio e calcio (molto utili per la robustezza delle bucce);

il potassio è accumulato in maniera predominante nell'acino: a fine maturazione il 70% circa del potassio totale si trova proprio in questo organo, di conseguenza l'assorbimento del potassio è molto intenso nel periodo fioritura-maturazione ed è strettamente correlato alle piogge. Infatti il potassio andrebbe misurato attraverso i mosti: un valore alto, ad esempio di 1.500 - 1.800 mg/l di potassio indica un'elevata attività radicale e di disponibilità idrica (700-800 mg/l è un valore corretto).

Nelle stagioni piovose, la pianta tende ad assorbire molto più potassio e sarebbero da valutarsi interventi fogliari specifici soprattutto dopo l'allegagione fino alla chiusura dei grappoli per le varietà più sensibili (Timorasso, Dolcetto e Nebbiolo, ma in generale per tutte).

Dopo la raccolta, il potassio assorbito viene trasferito e stoccato negli organi permanenti, tra cui la corteccia poiché costituisce la protezione dal freddo e dalle gelate, ma anche dagli sbalzi termici.

Agisce direttamente sul pH e sull'acidità del mosto poiché si lega all'acido malico e tartarico, formando i relativi sali (malati e tartrati di potassio) e causando l'aumento del pH, la riduzione della freschezza del futuro vino e predisponendo anche a maggiori rischi di ossidazioni e attacchi di natura biotica (batteri). Nei vitigni a bacca nera, è responsabile del controllo diretto dell'intensità del colore poiché il quantitativo di antocianine utili per il conferimento della matrice colorante si riduce all'aumentare del pH del mosto.

La sua carenza per esempio può essere dovuta ai suoli argillosi che, seppur dotati dell'elemento, lo rendono poco disponibile alla pianta oppure in suoli molto dotati di magnesio.

Tra l'altro, i fosfiti, cioè l'acido fosforoso salificato con potassio (fosfonato di potassio) sono un principio attivo che si usa nella difesa anti-peronospora e sono usati anche per apportare potassio alla pianta, ma non apporta fosforo perché si trova in forma P_2O_5 (scarsamente assimilabile); infatti bisogna porre attenzione che tramite fosfiti di potassio (con dosaggi fino a 2-2,5 kg/ha) si possono apportare circa 1-1,5 kg di potassio per trattamento, diciamo 7-10 kg/ha su circa 80-100 q di uva dipendente dal numero totale dei trattamenti per annata.

2.1.7 Calcio (Ca)

È un elemento con ruolo catalitico, poiché cofattore in numerose reazioni enzimatiche, ma ha anche ruolo plastico poiché entra nella costituzione delle pareti cellulari. Il trasporto avviene prevalentemente per via xilematica.

L'assorbimento avviene solo quando c'è una differenza di potenziale alta tra umidità del suolo e dell'atmosfera; quando non si verificano queste condizioni, la pianta deve attingere alle proprie riserve accumulate nella corteccia.

Il calcio è essenziale per l'equilibrio generale della pianta, fornisce robustezza e resistenza al freddo (insieme al potassio).

2.1.8 Magnesio (Mg) e disseccamento del rachide[4]

È un costituente della molecola della clorofilla e delle pareti cellulari, è antagonista del potassio ed è strettamente correlato al disseccamento del rachide, descritto come disordine fisiologico.

[4] Degano F, Paladin M, Bigot G, Sivillotti P, Stocco M, Prete G, De Pauli P, Vicentini L, Porro D. Disseccamento del rachide e concimazione fogliare. 2013. *Vigne, Vini e Qualità,* 3 (28-30).

Le cultivar sensibili sono parecchie, fra cui Merlot, Sauvignon, Cabernet Sauvignon, Franc, Nebbiolo, Marzemino, Refosco dal Peduncolo Rosso, Schioppettino, Lagrein, Ancellotta, Nosiola, Schiava, Teroldego, Tocai Friulano, Corvina, Raboso, anche i portainnesti potrebbero avere un ruolo, e per esempio l'SO4 richiede un attento monitoraggio per evitare danni dell'attività fotosintetica.

I sintomi del disseccamento del rachide si evidenziano all'invaiatura, partendo da lesioni necrotiche brune sul rachide o su alcuni pedicelli (e non si tratta di black rot) che in seguito si estendono interessando specialmente la punta e le ali del grappolo o più raramente la totalità dello stesso. Questo disordine si osserva soprattutto in annate con estati calde e frequenti eventi piovosi, in concomitanza di una ricca nutrizione di potassio. A tal proposito, si può intervenire con applicazioni fogliari 2-3 volte ogni 10 giorni a partire dall'allegagione (per esempio con solfato di magnesio 16% a 20-40 kg/ha in totale).

Necrosi e appassimenti derivano dal blocco del metabolismo: infatti all'esame istologico i rachidi sintomatici, già prima del disseccamento, non presentano flusso floematico, ed è proprio l'incapacità a trasportare la linfa elaborata che causa la morte di tutti i tessuti a valle.

Gli studi fin qui condotti mettono in luce come non si possa parlare di una o più cause definitive del problema, ma di fattori che influenzano positivamente o negativamente l'entità della fisiopatia, alcuni di questi spesso si sovrappongono:

- fattori legati al decorso meteorologico;
- basse temperature durante la fioritura e l'invaiatura;
- sbalzi termici durante tutta la stagione vegeto/produttiva;
- importanti piogge durante l'invaiatura.

È in particolare la disponibilità idrica del terreno ad influenzare in modo determinante la mobilità e l'assorbimento degli elementi nutritivi da parte delle piante.

Inoltre tra le principali cause della carenza di magnesio sono:

- terreni sciolti e acidi o molto argillosi;
- annate molto umide;
- elevate concimazioni potassiche;
- elevate produzioni di uva/ceppo;
- sensibilità varietale;
- scarsa selettività dei portinnesti (SO4, Fercal, Kober 5BB).

L'eccesso di vigore è spesso correlato con l'insorgenza del disseccamento del rachide; si ritiene infatti che la motivazione biochimica alla base di questa fisiopatia risieda nell'elevato accumulo di azoto in forma tossica in organi non vitali per la pianta come i grappoli; questo azoto "libero", come riportato in precedenza, è il risultato di una serie di squilibri metabolici nei quali un ruolo rilevante è giocato dal molibdeno, componente essenziale dell'enzima nitrato reduttasi, necessaria per l'assimilazione dell'azoto da parte delle piante.

Diversi studi, inoltre, hanno messo in correlazione la comparsa dei sintomi e la presenza di particolari fitormoni in germogli e grappoli. Infatti in situazioni di elevata vigoria e stress fisiologici, che non di rado portano ad un allegagione insoddisfacente, vengono maggiormente sintetizzati negli apici vegetativi alcuni ormoni (auxine e gibberelline), i quali a loro volta, all'interno di un circolo vizioso, favoriscono le condizioni fisiologiche che aggravano l'insorgenza del disseccamento stesso.

Le prove condotte in Friuli dal Consorzio Colli Orientali e Ramandolo, in collaborazione con ERSA FVG su Refosco dal Peduncolo Rosso, hanno evidenziato una correlazione tra la concentrazione di potassio nei piccioli e nelle bacche e l'entità del danno da disseccamento, invece i collegamenti tra il magnesio e i problemi del rachide sono risultati scarsi. Questo porterebbe ad ipotizzare che è principalmente il più alto livello di potassio nei piccioli o nelle bacche, e non la minore concentrazione di magnesio, a scatenare il disseccamento del rachide.

Da quanto visto dunque, in primavere fresche e piovose (ad esempio negli anni 2010-2018-2024) sarebbe da preferire una concimazione a base di magnesio e molibdeno, mentre in annate siccitose (2009-2011) data la sua minore disponibilità bisognerebbe fare più attenzione al potassio. Non potendo con certezza prevedere il decorso meteorologico dell'annata, sulla base dei risultati finora ottenuti, il trattamento preventivo con entrambi gli elementi minerali (magnesio e potassio), risulta essere l'unico rimedio agronomico applicabile al fine di ridurre l'incidenza della fisiopatia.

2.1.9 Boro

Le carenze di boro sono legate alla natura del terreno e in concomitanza ai periodi di siccità. In particolare, la sua carenza la si ritrova in:

- terreni sciolti (con problemi di lisciviazione);
- terreni acidi;
- terreni calcarei/alcalini;
- terreni poveri di sostanza organica.

2.1.10 Ferro

La causa principale della clorosi ferrica è la natura calcarea del terreno e tra i fattori concorrenti ci sono:

- concimazione nitrica;
- eccessive concimazioni fosfatiche;
- lavorazioni del terreno;
- elevata vigoria;
- sensibilità varietale (Pinot, Cabernet Sauvignon, Picolit, Carmenère, Ribolla, alcuni tipi di Moscato);
- scarsa resistenza dei portinnesti (Rip x Rup);
- eccesso di calcare attivo;
- pH superiore a 8;
- carenza di ferro.

2.2 Il fabbisogno nutritivo della radice[5]

Ai fini nutrizionali, è importante conoscere il comportamento della vite, e in particolare dell'apparato radicale.

La radice diventa importante anche per l'accumulo delle sostanze di riserva rappresentate principalmente dall'amido (nei vacuoli delle cellule radicali), che fornisce la principale fonte di carbonio per il metabolismo energetico nelle prime fasi vegetative della pianta. In un anno può essere accumulato mediamente da 0,5 a 2,2 kg di amido per pianta e di cui dal 50 al 75% viene stoccato nelle radici.

[5] Bigot G, Porro D. Il fabbisogno di elementi chimici in relazione all'andamento stagionale. 2021. *4Grapes,* https://www.facebook.com/4grapes.it/videos/188779106668080.

Viene principalmente accumulato durante la fase di post raccolta poiché non c'è una fase competitiva con i frutti e con le foglie. Oltre all'amido, abbiamo altri elementi che sono fondamentali per la ripresa vegetativa; infatti le riserve coprono il 50% dei consumi primaverili di fosforo e di azoto e per il 70% sono contenuti nelle radici, mentre in misura minore troviamo il potassio (20%), il calcio e il magnesio (5%).

L'altra funzione importante delle radici è la produzione di ormoni ed essudati. Per esempio, in momenti di stress, la radice produce acido abscissico che viene inviato alla chioma come segnale di stress per iniziare i meccanismi di protezione della pianta come il blocco della crescita dei germogli.

Gli essudati radicali comprendono sostanze di diversa natura che influenzano la radice e l'ambiente circostante e permettono di instaurare rapporti positivi con la rizosfera, come quelli che consentono l'assorbimento degli elementi nutritivi (interagendo con il pH); oltre a questi vengono prodotti carboidrati, amminoacidi e acidi, con lo scopo di instaurare simbiosi con micorizze e organismi promotori della crescita radicale. Tra le molecole prodotte dalla radice che scaturiscono da interazioni negative troviamo fitoalessine, fitotossine e prodotti con funzione antimicrobica, che servono per difendere la pianta e la radice dai patogeni.

Analogamente al germoglio, anche le radici mostrano un fenomeno di dominanza apicale che fa sì che un apice radicale in crescita inibisca lo sviluppo di radici laterali del proprio periciclo. Nel caso in cui la radice si trovi ad esplorare una porzione di suolo povera di elementi nutritivi, l'apice radicale cessa di produrre citochine, consentendo quindi l'emissione di nuove radici laterali che potranno esplorare zone di suolo più fertile.

La crescita della radice è influenzata dalla disponibilità di nutrienti e dalla temperatura del suolo: si arresta di norma in inverno quando il terreno scende al di sotto dei 5 °C, per poi riprendere in primavera quando il suolo si riscalda.

L'accrescimento radicale si sviluppa contemporaneamente alla chioma, ma con ritmi, cicli e fabbisogni diversi per non entrare in competizione tra di loro; in linea generale, inizialmente si sviluppano i germogli, la cui crescita si arresta in prossimità dell'invaiatura per dare spazio alla maturazione del frutto, mentre il picco di crescita della radice è in prossimità della fioritura - allegagione ed è concomitante all'apice dell'attività idraulica; dopo questa fase, il flusso dello xilema decresce e rimane attivo solo quello floematico. In questa fase, vengono prodotte nuove radici assorbenti (hanno una vita variabile stimata in 50-100 giorni), mentre quelle permanenti crescono in diametro e in lunghezza. La lunghezza delle radici attive è il parametro per valutare la crescita della vite, il cui valore ottimale si aggira intorno a 1-4 cm per cm^2 di suolo. L'accrescimento medio varia da 1 a 25 mm al giorno, anche se la variabilità dipende da portainnesto, suolo e andamento stagionale.

L'assorbimento degli elementi nutrivi non va di pari passo con la crescita radicale, infatti ogni elemento ha un periodo massimo di assorbimento: per esempio per fosforo e azoto non ci sono tempistiche precise perché sono assimilati in modo costante durante il corso del ciclo annuale, ma con fabbisogno più elevato durante la fase di post-invaiatura poiché questi elementi vengono assimilati nella bacca. All'inizio della fase di germogliamento, l'assorbimento di azoto è nullo o molto limitato; aumenta quando ci sono 6-8 foglie distese, con andamento crescente, fino al picco tra fioritura e chiusura del grappolo, in seguito al quale si riduce, per avere infine un nuovo picco nella fase di post raccolta (Tabella 2.4).

Bisogna tener presente che i picchi di assorbimento non corrispondono sempre al momento in cui la pianta ne ha maggiore necessità (Tabella 2.5), infatti nella prima fase del ciclo, la pianta ha bisogno di azoto ma non è in grado di assorbirlo e attinge quindi alle sostanze di riserva raccolte nelle fase autunnale; queste vengono usate non solo al germogliamento, ma anche nelle situazioni di stress come le gelate primaverili e la siccità estiva.

Sulla base di queste conoscenze, si può affermare che le concimazioni pre-germogliamento non hanno effetto; i nutrienti verranno assorbiti solo dopo 2-3 settimane dal germogliamento e successivamente alla fioritura. Le riserve di azoto coprono circa il 50% dei consumi primaverili; sono importanti gli ap-

Tabella 2.4 – Periodo di massimo assorbimento radicale e picco di domanda della vite

	Fase della vite						
Elementi chimici	rottura gemme	crescita germogli	fioritura	formazione frutti	invaiatura	raccolta	caduta foglie
N		■	■	■	■	■	■
P	■	■	■	■	■		■
K		■	■	■	■	■	
Ca		■	■	■	■		
Mg		■	■	■	■		
S			■			■	
Fe	■	■	■	■		■	
B			■		■	■	
Mn			■	■	■		
Zn	■	■					

Tabella 2.5 – Periodo di fabbisogno della vite

Elementi chimici	Fase della vite						
	rottura gemme	crescita germogli	fioritura	formazione frutti	invaiatura	raccolta	caduta foglie
N	■	■					
P	■	■	■	■			
K			■	■	■		
Ca		■	■	■	■	■	
Mg	■	■	■	■	■		
S	■	■	■	■	■		
Fe		■	■	■	■	■	
B		■	■		■		
Mn	■	■	■	■	■	■	
Zn	■	■	■	■	■	■	

porti di azoto in post vendemmia per la completa costituzione delle riserve azotate necessarie all'inizio della futura stagione (il 35% dell'azoto totale annuo è assorbito in post-vendemmia); sono da valutarsi le concimazioni primaverili frazionate tra germogliamento e fioritura oppure prodotti a lento rilascio (tenendo conto di dividere anche la distribuzione di azoto di 1/3 in post raccolta e di 2/3 in primavera).

Al termine della stagione, l'attività delle radici può proseguire anche dopo la caduta delle foglie se le condizioni idriche e termiche del terreno sono favorevoli.

2.2.1 Fattori di sviluppo radicale[6]

Lo sviluppo e la distribuzione radicale sono condizionati da:

- fattori genetici: i portainnesti più diffusi hanno capacità di approfondimento radicale che varia tra i 25° e i 75° e derivano principalmente da 2 genitori (Tabella 2.6):
  - *Vitis riparia*, originaria degli ambienti freschi e profondi in cui si adatta bene ed origina una radicazione soprattutto in senso orizzontale;
  - *Vitis rupestris*, originaria di suoli con scheletro; predilige terreni sciolti senza ristagno idrico e non particolarmente fertili; l'apparato radicale tende ad approfondirsi;
  - *Vitis berlandieri* è simile a *V. rupestris*.

- fattori ambientali: caratteristiche fisiche, chimiche, microbiologiche del terreno, presenza di ostacoli fisici/falde superficiali; infatti il suolo ha influenze differenti a parità

Tabella 2.6 – Principali portainnesti, angoli geotropici e sviluppo radicale

Portinnesto	Angolo geotropico	Sviluppo della radice
Rupestris du Lot	20°	profondo - verticale
Berlandieri	25-30°	profondo - verticale
Berlandieri x Rupestris	40-50°	mediamente profondo
Riparia x Rupestris	60-75°	mediamente profondo e superficiale
Riparia x Berlandieri	60-75°	mediamente profondo e superficiale
Riparia Gloire de Montpellier	75-80°	superficiale - orizzontale

[6] Gaiotti F, Broggio M. Masterclass sul suolo e sugli stress climatici in vigneto: La radice. 2022. *Vinidea*, lezione 2.

di portainnesti, dividendo per semplicità in suoli sciolti/ricchi di scheletro e suoli pesanti/argillosi-limosi; nei suoli sciolti/ricchi di scheletro troviamo:

* bassa resistenza meccanica all'accrescimento e all'estensione delle radici (non hanno compattamento);
* elevata porosità con una buona aerazione lungo tutto il profilo - basse riserve idriche con pericolo di stress idrico.

L'acqua in questi suoli è l'elemento guida che governa lo sviluppo degli apparati radicali. Di solito in questi terreni c'è una buona distribuzione radicale poiché non ci sono impedimenti meccanici e le radici si concentrano seguendo l'umidità del suolo (anche la fertilità); nei suoli pesanti/argillosi-limosi troviamo:

- generalmente riserve idriche medio-alte;
- rischio di compattamento (resistenza meccanica);
- scarsa aerazione e ristagni idrici con conseguente asfissia radicale, carenze e squilibri nutrizionali, sviluppo vegetativo anomalo, deperimento della pianta.

In questi suoli l'aria è l'elemento che governa il benessere e lo sviluppo degli apparati radicali.

Il compattamento e l'eccesso idrico nel suolo sono causa di:

- insufficiente ricambio gassoso a livello della rizosfera;
- ridotto assorbimento di elementi nutritivi;
- rallentamento o arresto delle attività microbiche favorevoli;
- induzione o accentuazione di attacchi parassitari radicali (*Armillaria*, *Rosellinia*, *Roesleria*).

Queste cause si manifestano sulla chioma con clorosi, arrossamenti, ingiallimenti, perdita di vigoria; anche indagando gli apparati radicali si possono notare queste situazioni: colore arrossato, inspessimento, a volte anche micelio, oppure palchi di radici abbondanti per asfissia.

Facendo dei profili radicali è possibili "misurare" l'effetto del compattamento o dell'idromorfia osservando lo sviluppo delle radici (numero e dimensione). Allontanare l'acqua in eccesso è necessario perché quando la radice va in sofferenza accumula a livello radicale l'etilene, che invia segnali alla pianta per la riduzione dell'accrescimento vegetativo.

Altri effetti sull'apparato radicale sono i fattori colturali:

- densità d'impianto;
- irrigazione;
- gestione del suolo.

È stato misurato per esempio l'effetto delle lavorazioni autunnali nel suolo compatto (argilloso) sugli apparati radicali: rispetto alla tesi aziendale dove non viene praticata nessuna lavorazione, usando la ripuntatura con il decompattatore a 30-40 cm di profondità per due stagioni successive e si è visto che negli strati superficiali non ci sono grosse differenze mentre negli strati profondi (fino a 100 cm) sono aumentate le radici rispetto al non lavorato grazie al fatto di portare ossigeno a quelle in profondità.

La gestione della chioma influenza gli organi radicali, poiché i due organi sono interconnessi e interdipendenti: l'apparato aereo si occupa della traslocazione dei carboidrati prodotti dalla fotosintesi mentre l'apparato radicale si occupa della mobilizzazione delle riserve (amido, azoto, altri elementi), assorbimento dell'acqua e dei nutrienti dal suolo.

È stato valutato l'effetto del carico produttivo in fase di allevamento sullo sviluppo radicale su Glera al terzo anno con diverse tesi: analizzando tre tipi di carico produttivo, è stato misurato che le tesi con il carico più basso (2,3 kg/pianta) avevano una densità radicale più elevata rispetto alla tesi con carico elevato (7,8 kg/pianta). È importare bilanciare l'equilibrio della pianta, aspettare a produrre e formare eccessiva vegetazione per costruire meglio l'apparato radicale: il controllo del carico nei primi anni d'impianto favorisce lo sviluppo ottimale dell'apparato radicale.

Una tesi conosciuta da molti prevede che un'alta densità d'impianto dovrebbe stimolare maggiormente la crescita delle radici in profondità a causa della competizione in superficie.

A tal proposito, anche la gestione del suolo è importante poiché con l'inerbimento le radici del vigneto colonizzano maggiormente la profondità del suolo, anche se la non lavorazione ne favorisce lo sviluppo in superficie.

2.3 Gestione del suolo

Il mantenimento di buone condizioni del terreno in termini biologici, fisici e chimici è fondamentale per la sostenibilità ambientale ed economica del vigneto. Il ruolo polifunzionale di una buona gestione del suolo in viticoltura è un fatto ormai assodato: sono molteplici gli obiettivi che possono essere perseguiti e raggiunti, come ovviamente gli effetti positivi sullo stato di salute e di conservazione del suolo, la possibilità di modulare la vigoria delle viti, rendendo ad esempio meno stringente il ricorso a pratiche di potatura verde, e in particolare il potenziale orientamento della maturazione verso gli obiettivi enologici desiderati.

Normalmente le principali tecniche di gestione del suolo in viticoltura riguardano: lavorazione, inerbimento, pacciamatura e diserbo. Tuttavia, la complessità della scelta più appropriata per la gestione del suolo nasce dal fatto che ponendo in interazione le diverse tecniche, le combinazioni risultanti sono assai numerose. Senza dubbio, la gestione del suolo va adattata all'ambiente pedoclimatico e, tra tutte le variabili, la disponibilità idrica stagionale svetta per importanza.

Nel contesto climatico, per esempio in un'area temperato-calda come quella del Mediterraneo, la sfida rappresentata dalla scelta della tecnica di gestione del suolo deve sostanzialmente risolvere il dubbio per certi aspetti amletico: una conduzione in asciutta del vigneto (dry-farming o aridicoltura), in condizioni di bassa piovosità annuale e impossibilità a ricorrere ad interventi irrigui, vede le lavorazioni come tecnica di elezione per due ragioni essenziali: la prima per garantire una pulizia costante e continua del terreno dalla presenza di malerbe e la seconda, non meno importante, per migliorare la capacità del suolo di incamerare le poche precipitazioni disponibili che potrebbero cadere, tenendo conto che l'inerbimento dovrebbe entrare in questo ragionamento in punta di piedi, cercando di assicurare i benefici a cui è associato ed esercitando una moderata competizione idrico nutrizionale nei confronti della vite.

2.3.1 Le lavorazioni del terreno

Le lavorazioni del terreno sono state per molti anni la tecnica di elezione per la gestione del suolo, ma parliamo di periodi in cui le precipitazioni estive non erano eventi rari e violenti, e i picchi di calore erano limitati a pochi giorni durante l'intera estate. L'aumento delle annate calde ha fatto emergere l'esigenza di una diversa gestione, per migliorare il contenuto idrico e la temperatura del suolo.

Indubbiamente, la lavorazione del terreno ha i suoi vantaggi, ma ha anche risvolti negativi che dipendono dal tipo di suolo, infatti:

- se è eccessiva, comporta compattamento ed erosione;
- se è moderata, può creare aerazione (a volte quasi come una concimazione azotata) in quanto può sollecitare la crescita del capillizio radicale e favorire la mobilità di alcuni elementi, in particolare il fosforo; l'importante è che non vi sia un taglio della radice poiché deprimerebbe la vigoria; è quindi necessario non andare troppo vicino alla pianta (circa 35-40 cm di distanza) e non troppo in profondità (circa 30-40 cm), rispettando anche i tempi di assorbimento della radice; in ogni caso i tagli che eventualmente vengono fatti alle radici servono per stimolarne di nuove.

La lavorazione "profonda" è essenziale ed è utile per arieggiare in profondità e integrare la sostanza organica; sono preferibili quelle centrali al filare oppure quelle che rompono i binari del passaggio delle ruote. In stagione vegetativa, è meglio evitare lavorazioni in profondità, preferendo quelle di superficie per non rompere la rete di microrganismi (potrebbe essere uno schema nei terreni che si vogliono lavorare e che si mantengono non lavorati in primavera).

2.3.2 Gli inerbimenti

Dalla lavorazione[7] del terreno, si è passati via via agli inerbimenti[8] e alle pratiche del diserbo. Il diserbo è senz'altro una pratica comoda, economica e che consente di gestire la flora infestante con una-due applicazioni all'anno, più eventuali sfalci. D'altro canto, si tratta di un'immissione nell'ambiente di sostanze che sicuramente sarebbe bene ridurre al minimo indispensabile.

Un passo sicuro verso una gestione più ecosostenibile consiste nel lasciare il vigneto inerbito (inerbimento spontaneo permanente) ed effettuare il diserbo localizzato del sottofila; tuttavia quando l'inerbimento è naturale, c'è una progressiva selezione delle essenze (Tabella 2.7) che per l'ambiente sono più aggressive, per cui sono necessari diversi sfalci, che rischiano di non essere sufficienti per limitare il consumo idrico; l'inerbimento può risultare una pratica gravosa ed economicamente non sostenibile per la competizione che alcune essenze spontanee manifestano nei confronti della coltura arborea.

Il terreno inerbito[9] asporta acqua e nutrienti al vigneto, ma comporta diversi vantaggi in termini di biodiversità, mitigazione delle temperature, aerazione e altro ancora. Per quanto

---

[7] Le lavorazioni ripetute nei tempi e nelle modalità possono creare problemi di perdita della struttura, erosione, compattamento e suola di lavorazione, mancanza di fertilità organica.

[8] L'inerbimento è positivo perchè protegge dall'erosione, aumenta la portanza dei mezzi meccanici, migliora la fertilità biologica, contiene la vigoria della pianta (ove necessario), incrementa la sostanza organica, migliora assorbimento di fosforo e potassio.

[9] L'inerbimento è negativo perchè crea competizione con la vite per acqua ed elementi nutritivi, bisogna tener conto di un aumento della concimazione ed è sconsigliabile in terreni sabbiosi e poco profondi.

riguarda il consumo idrico, sono pochi i dati disponibili, ma in sintesi possiamo esprimere che ad esempio per un miscuglio di leguminose, nel momento in cui la crescita in altezza eccede, la quantità di acqua dispersa dal cotico non aumenta proporzionalmente e anzi, tende a livellarsi; e se come spesso accade, la presenza delle leguminose è legata ad un sovescio finalizzato a migliorare con il suo interramento la dotazione di azoto organico del suolo, il desiderio di arrivare alla massima quantità di biomassa possibile non pare affatto scontrarsi con la necessità di contenere i consumi idrici dell'inerbimento temporaneo. Da tenere conto che se alcune leguminose vengono lasciate crescere liberamente, in condizioni di suolo che non presenta ancora limitazioni di tipo idrico, possono risultare alquanto depauperanti per la riserva idrica utile del terreno a causa dell'elevata biomassa prodotta (quindi verificare attentamente la crescita all'uscita dell'inverno - inizio primavera e poi favorire miscugli sempre misti).

Il bilancio idrico in vigneto è il risultato di tre componenti principali: evaporazione del suolo, traspirazione dovuta la quantità di luce intercettata dalla chioma e traspirazione relativa la presenza di un cotico erboso; inoltre queste tre possibili fonti di evapotraspirazione sono soggette ad ulteriori fattori di variabilità: è noto per esempio che l'evaporazione del suolo crolla nel momento in cui lo stesso si asciuga in superficie (è stato recentemente rilevato che in una giornata estiva intorno al mezzogiorno solare, un terreno secco in superficie ha un'evaporazione che è ridotta di circa il 63% rispetto ad uno bagnato).

Nel caso in cui il cotico erboso sia presente solo nel sottofila, è frequente avere un apparato radicale della vite che scende a maggiore profondità riducendo però longevità, frazione di

Tabella 2.7 – Principali piante indicatrici dei suoli

Piante	Caratteristiche indicatrici
Matricaria inodora (camomilla)	asfissia del suolo da lavorazioni inopportune, pH elevati, eccesso di materia organica; destrutturazione delle argille
Taraxacum officinale (tarassaco)	terreni ricchi di azoto in terreni costipati dove può avere azione drenante
Euphorbia helioscopia (euforbia)	suoli intossicati da inquinanti chimici di origine agricola o urbana - pianta indicatrice di terreno a forte rischio di ristagni in inverno e siccità in estate (compattamento)
Urtica dioica (ortica)	in terreni ricchi di humus e freschi, indicatrice di cambiamento dello stato del ferro nel suolo, è anche indicatrice di inquinamento e di apporti di ferro metallico
Equisetum arvense (equiseto)	segnala la presenza di una falda freatica anche a grande profondità e cresce su suoli che possono smottare in qualsiasi momento
Sinapsi arventis (senape selvatica)	segnala compattamento del suolo a pH elevato, anaerobiosi indotta, blocco del fosforo, carenza di oligo-microelementi causa innalzamento del pH. La senape è una pianta acidificante e un'eccellente concime verde su suoli a pH elevati.
Agrotis stolonoifera (cappellini comuni)	compattamento del suolo con anaerobiosi per asfissia della vita microbica, blocco del fosforo e di molti oligoelementi, presenza di suola di lavorazione
Cynodon dactylon (gramigna)	destrutturazione delle argille, forte compattamento del suolo, forte contrasto idrico, scarsa o assente vita microbica
Alopecurus agrestis (coda di volpe)	suola di lavorazione, idromorfismi indotti da lavorazioni su suolo umido
Amarantus spp. (amaranto)	eccesso di concimazione minerale (N e K) in presenza di una suola di lavorazione
Avenua fatua (avena)	compattezza di suolo argillo- calcareo, eccesso di N e K
Artemisia vulgaris (assenzio selvatico)	compattamento dei suoli e asfissia negli strati superficiali
Ambrosia spp. (ambrosia)	perdita di humus, destrutturazione delle argille a causa della presenza di sostanze chimiche che ne provocano la distruzione e la trasformazione del suolo in polvere; sterilizzazione della vita microbica a causa delle lavorazioni profonde con inversione degli strati aerobici con quelli anaerobi

Piante	Caratteristiche indicatrici
Bidens bipennata (forbicina)	terreno molto compattato e con eccesso di umidità nello stato superficiale
Capsella bursa-pastoris (borsa di pastore)	compattamento di suoli sabbiosi e/o calcarei, blocco di P e K per anaerobiosi da compattamento
Convolvolus arvensis (vilucchio)	pianta nitrofila, nei terreni compatti e con eccessi di N
Cirsium Arvense (stoppione)	suolo compattato, eccesso di letame o liquami, blocco del P, presenza di suola importante
Daucus carota (carota selvatica)	compattamento di suoli ricchi in basi, forti contrasti idrici
Galium aparine (attaccamani)	eccesso di N
Malva spp. (malva)	suoli poco profondi con debole potere di ritenzione, blocchi di diversi elementi per compattamenti e pH elevati; eccesso di materia organica, N, K provocati da anaerobiosi
Mentha spp. (menta)	anaerobiosi completa, formazione di nitriti, eccesso di acqua in inverno a forte siccità provocanti idromorfismi; indica la presenza di una falda d'acqua a livello variabile
Plantago major (piantaggine)	eccesso di calcare attivo, pH elevato, blocchi di Fe e di K, compattamento del suolo e conseguente anaerobiosi; isomorfismi indotti dallo schiacciamento provocato da lavorazioni su suolo umido
Senecio vulgaris (senecio)	eccesso di N, in soli ricchi di basi a scarso potere di ritenzione; erosione in inverso e d'estate per poca copertura, pericolo di erosione

radici fini e lunghezza totale radicale per unità di volume. Diversamente quando mi trovo un apparato radicale libero nel sottofilare (lavorazione o diserbo), le radici della vite si muovono e crescono agevolmente, mentre quando entrano in una zona del filare di competizione con le radici del prato, tendono a schivare l'ostacolo e a colonizzare lo strato più profondo del suolo.

Quando l'inerbimento viene tagliato a raso, teniamo conto che i fotosintetati vengono utilizzati per la ricrescita della parte verde; al contrario, se lascio crescere l'inerbimento, i suoi fotosintetati vanno anche per la formazione della radice.

Alcuni studi in Francia su Syrah hanno dimostrato che a una quota crescente di terreno inerbito rispetto allo spazio disponibile non inerbito, è corrisposto un decremento lineare della vigoria e della produzione; un risultato simile è stato raggiunto in una prova condotta in un vigneto in asciutta sui Colli Piacentini su cui il passaggio da 0% al 75% di suolo inerbito ha determinato una riduzione lineare della vigoria, ma nel caso specifico una risposta invece più attenuata per quanto attiene l'effetto della resa di uva.

Si può pensare allora di effettuare inerbimenti artificiali con essenze selezionate, che riducono i principali effetti negativi dell'inerbimento naturale; emerge però la necessità di operare una scelta delle essenze più adatte che deve tenere conto del loro consumo idrico, che da un lato è funzione delle capacità di ciascuna singola specie e cultivar di produrre, in un determinato intervallo di tempo, una certa quantità di biomassa fresca, ovvero di superficie traspirante, e dall'altro dal tasso di traspirazione specifico.

Da alcuni studi, si evince che a parità di indice di area fogliare (LAI) il consumo idrico di un miscuglio di graminacee è quasi doppio rispetto a quello di leguminose (tenendo conto che le graminacee normalmente producono biomassa inferiore rispetto alle leguminose).

Per gli inerbimenti artificiali[10] sono disponibili miscugli diversi, a base di graminacee oppure di leguminose; solitamente tra le graminacee vengono utilizzate diverse festuche, quali

---

[10] È fondamentale la scelta del miscuglio, la conoscenza della fisiologia del cotico erboso (consumi idrici e produzione di biomassa), per favorire e comprendere l'interazione tra apparati radicali.

Festuca rubra, F. ovina e loietto (*Lolium* spp.); queste sono caratterizzate da un ciclo sfalsato rispetto alla vite, nel senso che vanno in dormienza nel periodo vegetativo della vite e quindi danno meno competizione per la coltura nel periodo estivo, consentendo però la copertura del terreno e quindi evitando che crescano altre infestanti. Difficilmente tali inerbimenti si re-infestano, in quanto sono molto competitivi, se mai il problema è l'opposto, in quanto possono creare una eccessiva competizione con le radici della vite. A tale scopo, dopo qualche anno, se il cotico sarà troppo vigoroso, si può pensare ad un diserbo sulla fila o a una lavorazione.

Dal punto di vista della ricerca si sta sviluppando la tecnica del "mow and flow" letteralmente tradotto come "taglia e soffia" che rappresenta una nuova proposta per l'ottenimento di una pacciamatura organica morta lungo il filare (sottofila) sfruttando una macchina trincia andanatrice bi-filare che convoglia il residuo trinciato sotto la fila formando un cumulo. Alternativamente è possibile insediare appositamente nel sottofila una copertura vegetale, che in questo caso si tratta di una pacciamatura viva con essenze che mostrano grande capacità di accrescimento e potere soffocante nei confronti delle infestanti naturali che anche grazie ad apparati radicali superficiali registrano consumi idrici bassi (*Glecoma hederacea, Hieracium pilosella, Dichondra repens, Sagina subulata, Trifolium subterraneum*).

Tra le leguminose vengono utilizzati il ginestrino e il trifoglio sotterraneo; di questo la varietà Campeda ha dato buoni risultati di persistenza anche nelle condizioni del Nord Italia.

Sia il trifoglio sotterraneo che il ginestrino hanno un apparato radicale fittonante capace di penetrare nei terreni in profondità ed esercitare una benefica azione meccanica. Altre leguminose innovative sono il trifoglio fragifero, di limitato vigore, e la medica annuale autoriseminante. Le dimensioni molto piccole dei semi delle leguminose richiedono una grande cura nella preparazione del letto di semina (i terreni a tessitura molto grossolana come i nostri devono essere affinati e compattati in superficie e la profondità di semina deve essere minima, non più di 1,5 cm). Meno problematica è la preparazione del letto di semina per le graminacee, che prevede solo una pulizia del terreno (per esempio una rastrellatura vigorosa) o eventualmente un diserbo a inizio primavera. Si è visto che spesso il trifoglio sotterraneo è poco competitivo e va in stress nelle condizioni climatiche che abbiamo sui nostri terrazzamenti in piena estate; dopo la semina va spesso supportato con apporti idrici. Gli inerbimenti a base di trifoglio sono anche facilmente reinfestabili, cioè si mantengono difficilmente in purezza.

Eventuali miscugli tra graminacee e leguminose possono essere utilizzati allo scopo di effettuare il sovescio, cioè coltivati per poi essere interrati, allo scopo di apportare sostanza organica.

2.3.3 Ruolo del sovescio e dell'inerbimento sulla fertilità del terreno[11]

Dal 2012 presso la Fondazione Edmund Mach (S. Michele all'Adige, Trento) esiste un campo prova di "gestione del terreno" con un focus sulla qualità del suolo (fertilità chimica, fisica e biologica) (Tabella 2.8).

---

[11] Bigot G, Zanotti R. Fertilità fisica del terreno: il sovescio. Op. cit.

Tabella 2.8 – Schema dei probabili effetti su alcune caratteristiche agronomiche del suolo relativi alla gestione dell'inerbimento temporaneo autunno-primaverile a seconda delle essenze utilizzate

	Taglio e interramento del sovescio		
	prevalenza leguminose	**prevalenza graminacee**	**bilanciato**
riserva idrica utile	Medio	Medio	Molto buono
ruscellamento superficiale	Scarso	Scarso	Buono
inibizione infestanti	Scarso	Scarso	Scarso
rilascio nutrienti	Molto buono	Molto buono	Molto buono
dotazione sostanza organica	Buono	Buono	Buono
erosione	Scarso	Scarso	Scarso
compattamento suolo	Scarso	Medio	Scarso
infiltrazione idrica	Molto buono	Molto buono	Molto buono

	Rullatura dell'inerbimento		
	prevalenza leguminose	**prevalenza graminacee**	**bilanciato**
riserva idrica utile	Molto buono	Molto buono	Buono
ruscellamento superficiale	Molto buono	Buono	Buono
inibizione infestanti	Molto buono	Molto buono	Molto buono
rilascio nutrienti	Medio	Scarso	Scarso
dotazione sostanza organica	Scarso	Scarso	Scarso
erosione	Medio	Medio	Medio
compattamento suolo	Molto buono	Buono	Buono
infiltrazione idrica	Buono	Buono	Buono

Molto buono	**Buono**	**Medio**	**Scarso**

Si è visto che per la preparazione della semina del sovescio, la ripuntatura è necessaria nei terreni argillosi, mentre nei terreni con maggior percentuale di sabbia e/o limo è sufficiente passare con un erpice rotante. L'osservazione con una vanga del profilo superficiale permette di vedere lo stato di aggregazione delle particelle e dove si deposita la sostanza organica; il compattamento e la scarsa vitalità del terreno si accompagnano a un'insufficiente dotazione di sostanza organica. Bisogna cercare una buona fertilità generale che vada più in profondità per favorire l'approfondimento radicale.

Si è potuto osservare che in Trentino la media della sostanza organica ad inizio anni 80 era al 3,2% ed è diminuita al 2,6% nel 2011 su una media di 60 campioni analizzati.

Nella sostanza organica troviamo il 58% di C organico e facendo le proporzioni abbiamo perso per ettaro 17.400 kg di C organico (3,2% di sostanza organica = 92.800 kg di C organico - 2,6% di sostanza organica = 75.400 kg di C organico).

Come rallentare questo tipo di perdita? Si può fare lavorando con ammendanti e sovesci, perché perdendo sostanza organica si perde fertilità.

Un buon campionamento di suolo da analizzare si opera con delle trivelle tipo Edelman, ma va bene anche farlo con una vanga, eliminando i primi 2-3 cm superficiali di sostanza organica - lettiera e facendo un "campionamento a Z" su 6-7 punti circa, da omogeneizzare a loro volta prelevando il terreno solo a 0-20 cm, o a 0-20 cm e 20-40 cm, per capire come le pratiche influenzano gli strati più profondi.

I sovesci preferibili sono quelli a semina autunnale (in Trentino tra l'1-20 di ottobre), a meno che i terreni non siano molto bagnati, in quel caso si posticipa alla primavera (per mantenere la struttura).

Nel sovescio, non devono mai mancare graminacee, leguminose e crucifere da miscelare in base agli obiettivi di miglioramento della sostanza organica e la copertura del suolo. Inoltre le graminacee germogliano velocemente anche nelle zone pendenti: può essere utile per la protezione del suolo, come il favino (leguminosa), che ha il vantaggio di avere una radice fittonante che lavora nel terreno; nei terreni più deboli si tende ad aumentare la presenza di leguminose, mentre in quelli più fertili le graminacee.

L'inerbimento con graminacee alza il rapporto C/N verso un C più stabile.

Un esempio per la composizione del miscuglio di sovescio può essere in peso circa il 47% di graminacee, circa il 40% di leguminose con poco favino perché risente della rigidità della temperatura, meglio veccia e pisello, ma attenzione alla veccia che non si aggrappi alla vite, circa il 13% di brassicacee, ma il loro contributo dipende dal suolo perché non crescono ovunque. Tendenzialmente sono essenze foraggere e necessitano di acqua per avere dei buoni risultati.

L'epoca di gestione del sovescio (taglio, trinciatura, ecc.) si scontra con le attività pratiche del vigneto, quindi quando la vite si trova dalle 5-6 foglie visibili in avanti devo decidere cosa fare; mantenendolo il più possibile, si arriva a produrre il massimo della lignina e quindi una sostanza organica più stabile. Il sovescio produce più biomassa e più sostanza secca dell'inerbimento naturale, con un rapporto quasi tre volte superiore.

Oltre al contributo della parte epigea come apporto di sostanza organica, in media dobbiamo tenere conto di un 30% di biomassa dalla parte radicale, in particolare per le graminacee (segale e triticale vanno oltre il 40%), per le leguminose circa 5-15% di biomassa da parte radicale, a vantaggio della fertilità fisica.

Negli anni non abbiamo visto dei trend positivi della sostanza organica, ma per lo meno mitiga le perdite, e si aumenta significativamente la parte stabile di carbonio organico e la resilienza del suolo e di conseguenza della vite; inoltre dal punto di vista chimico il sovescio, grazie all'azione delle leguminose, permette un picco di disponibilità di azoto verso la fioritura - inizio allegagione e in alcuni casi anche all'invaiatura (interessante per il quadro acido, APA, precursori degli aromi, ecc.). Il sovescio ha permesso, nella prova, di produrre mosti con livelli di APA uguali a quelli ottenuti nel confronto concimato con 36 kg di N/ha per anno.

Il mix di essenze dell'erbaio è infatti da modulare in base a cosa vogliamo ottenere: se ho bisogno di un apporto immediato lo trincio e lo interro favorendo la mineralizzazione, se invece ho bisogno di un apporto più lento lo trincio o lo sfalcio tipo "fieno" senza interrarlo; se voglio rallentare ulteriormente l'attività positiva del sovescio e incrementare altre sue soluzioni (protezione del suolo per esempio), lo vado a rullare (zone vigorose verso zone equilibrate).

La rullatura con i coltelli sfasati interrompe la crescita e crea una pacciamatura fogliosa, sempre se il mio vigneto può permettersi di sopportare la competizione delle graminacee perché questo tipo di condizioni non viene restituita velocemente alla pianta con la mineralizzazione; altro caso sono gli impianti nuovi: dove voglio spingere e accelerare la mineralizzazione, vado con la trinciatura e interramento per restituire gli elementi del sovescio.

Inoltre con la rullatura abbiamo visto che dovendo aspettare lo sviluppo della massa vegetale da coricare, ti trovi con alcune essenze in fioritura, con un conseguente effetto "risemina" per gli anni successivi.

Se non è possibile il sovescio, il letame è un valido surrogato; deve essere un letame con molta paglia, altrimenti andrebbe migliorato con tralci di potatura per organicare l'azoto libero che hai nel letame (migliora il rapporto C/N). Ancora meglio unire letame e sovescio per enfatizzare il risultato.

2.3.4 La sostanza organica[12]

Il carbonio che è nell'humus viene in parte mineralizzato, ma in parte crea delle sostanze umiche stabili che permangono nel terreno.

Aumentando la sostanza organica del suolo si riesce a immobiliare la CO_2 nell'aria (effetto ambientale).

Tendenzialmente i suoli perdono l'1% di sostanza organica ogni anno e con il sovescio si possono apportare 700-800 kg di sostanza organica fresca all'anno (ricordiamoci solo che il sovescio nelle zone a rischio di gelate tardive non va bene poiché è favorevole alla permanenza del freddo nei filari).

I processi di trasformazione della sostanza organica non sono immediati: posso pensare che i sovesci e gli sfalci freschi vengano organicati, apportando carbonio e azoto. Anche per il letame, massimo il 25% della sua potenzialità viene liberata in un anno (con 0,6-0,7 di azoto, che è una quota bassa), il resto richiede tempo e/o integrazione con altri elementi (anche chimici se necessari).

La media (alta) della sostanza organica dei terreni viticoli italiani è 1,5-2,5%, ma dipende dalle zone e dal tipo di struttu-

[12] Bigot G, Bertramini M. La qualità delle uve è una questione di efficienza nella gestione del vigneto. 2022. *4Grapes,* https://www.facebook.com/4grapes.it/videos/276094471379364.

ra del suolo; infatti non è detto che questa media sia corretta poiché è da rapportare al terreno e alla sua storia nel tempo: per mantenere o aumentare la sostanza organica bisogna rivedere non solo la concimazione ma anche la lavorazione stessa del terreno poiché quest'ultima aumenta la mineralizzazione e la perdita di sostanza organica.

Un cotico erboso stabile tra i filari, oltre a ridurre la mineralizzazione, può apportare fino a 300-400 kg di sostanza organica fresca all'anno. L'inerbimento modifica la qualità delle uve e dei vini perché modifica i parametri vegetativi di un vigneto (peso legno di potatura, vigoria, consumo idrico).

In un vigneto che passa da terreno lavorato a terreno inerbito, le radici della vite tendono a risalire verso l'alto poiché con la lavorazione venivano spinte verso il basso (sono cambiamenti che si avvertono soprattutto negli anni di passaggio da un tipo di gestione all'altro e bisogna tenerne conto).

La sostanza organica va monitorata con le analisi del terreno, ogni 3-5 anni con un prelievo entro 20-40 cm di profondità.

Se si riducono le concimazioni azotate in vigneto, si riduce il contenuto di azoto nelle uve: se dovessi aumentare questo parametro sicuramente l'effetto migliore lo avrei con l'apporto di azoto minerale oppure in minor quantità con il sovescio e ancora meno con il letame (poiché apporta minime quantità di azoto e in tempi lunghi).

Quando il sovescio contiene leguminose non bisogna apportare concimi azotati poiché la facilità di trovare composti più semplici nel terreno (apportati con la concimazione azotata) ridurrebbe l'azotofissazione da parte delle essenze.

Inoltre nella gestione del suolo, l'evoluzione potrebbe essere di usare macchine molto leggere per ridurre il compattamento.

2.3.5 La sostanza organica e l'inerbimento[13]

Il bilancio della sostanza organica si avvantaggia tramite la copertura vegetale anche con l'inerbimento.

Nei vigneti con terreno di medio impasto in 40 cm di profondità è stato stimato da Mescalchin un coefficiente di mineralizzazione dell'humus stabile del 2,2% annuale, distribuito in percentuali diverse lungo la profondità, ma mediamente sempre intorno al 2,2%.

In condizioni generali con vigneto a spalliera e con buona produzione, per una superficie di un ettaro si devono ripristinare mediamente circa 20 quintali per anno di sostanza organica che è fisiologica, tenuto conto che la mineralizzazione è un passaggio molto importante che rende disponibile gli elementi nutritivi. Nel caso del vigneto in produzione, la sostanza organica può essere ripristinata dalle foglie, dai tralci, dall'inerbimento spontaneo del vigneto per poco meno di 5-6 q/anno di materia organica.

Questo è un aspetto fondamentale perché spesso ci si concentra sulla fertilità chimica, ma i fenomeni che fanno parte della fertilità biologica e fisica (decompattamento) non sono di certo misurati da un'analisi chimica, ma sono comunque molto importanti perché uno squilibro fisico o biologico è molto difficile da ripristinare, a differenza di una carenza chimica.

L'inserimento del sovescio (a filari alterni) permetterebbe di apportare nuovi 4-5 quintali di humus-sostanza organica all'anno anche se non è particolarmente stabile, dovendo interviene comunque nel bilancio della gestione della sostanza organica.

---

[13] Bigot G, Mescalchin E. Gestione del suolo e del sovescio nel vigneto. 2020. *4Grapes,* https://www.facebook.com/4grapes.it/videos/683115155970203.

Nell'inerbimento devo tenere conto che sottoponendo il terreno al passaggio delle macchine, nei filati avviene una selezione prevalentemente di graminacee poiché resistono meglio al compattamento e alla pacciamatura.

Un altro aspetto "competitivo" dell'inerbimento è l'uso dell'acqua per "coltivarlo": nella stagione autunno-invernale non ci sono problemi, mentre per la stagione primaverile-estiva e negli ambienti aridi dove l'inerbimento cresce eccessivamente posso ridurre l'altezza di taglio dell'erba per non entrare in competizione con la vite.

Teniamo conto che nel caso di nessun apporto di sostanza organica dall'esterno con nessun inerbimento, il bilancio è vicino allo zero avendo solo tralci e foglie; nel medio periodo non succede quasi niente, poiché partendo da un terreno ben dotato ci mette tempo a bruciare interamente il capitale "organico" anche se mediamente consuma il 2%, per cui a diminuire in maniera significativa ci metterà qualche decina di anni (è una curva che diminuisce, perché non perde 20% in 10 anni ma il 2% di quello che mi trovo in quell'anno e sarà quindi meno del 20%); non me ne accorgerò subito del deperimento, ma se non sto attento mi ritrovo in situazioni più difficili e faticose da ripristinare.

Quindi, come possiamo fare per ripristinare il bilancio annuale? Portare il più possibile sostanza organica nel terreno anche come le vinacce e i raspi (compostati) così posso ridurre di molto il deficit, tenendo presente anche di come limitare la perdita di sostanza organica. La qualità della sostanza organica è fondamentale.

Si parla di sostanza organica matura sapendo che il processo della maturazione è un fenomeno aerobico molto delicato ed esotermico (la materia organica aumenta di temperatura); se parliamo di inerbimento, quando gli sfalci sono fatti velocemente (anche per motivi stagionali) senza che abbia un contenuto di lignina e di cellulosa, l'apporto di sostanza organica può essere nullo, mentre se aspetto che l'erba maturi un po' di più, mi migliora la resa in humus. È una cosa che appare semplice ma che invece è complicata, perché ogni frazione organica che immetto nel terreno quando è matura ha un coefficiente di trasformazione in humus.

La sostanza organica umificata migliora in pochi mesi la struttura del terreno, con effetti macroscopici sui glomeruli e sul compattamento nei terreni argillosi o sull'aggregazione su terreni leggeri. Quindi la sostanza organica a seguito del sovescio aumenta velocemente, ma la stabilità è relativa e si riduce in pochi mesi (nell'autunno successivo fatico a ritrovare il filare dove l'avevo applicato), però è un periodo in cui il terreno interagisce molto di più con la pedofauna e gli organismi del suolo.

Il sovescio prevede l'interramento di tutta la massa, ma posso pensare anche di non farlo sulla base della suddetta esperienza, perché per migliorare la situazione umica posso integrare essenze ricche di lignina e di cellulosa utilizzando fino al 60-65% di graminacee in peso nel miscuglio, e pensare alla rullatura così che le graminacee deperiscono molto lentamente favorendo un effetto di protezione termico e fisico, come anche di controllo delle malerbe (seppur limitato ma in terreni freschi).

L'inerbimento in primavera-estate compete con la vite, questo limita il lussureggiamento primaverile, ma permette un minor sviluppo vegetativo estivo, e in alcuni casi ha evidenziato di sopperire alla siccità estiva per minor apparato vegetale rispetto alla tesi lavorata.

La competizione dovrebbe favorire anche la crescita radicale e quindi il volume di suolo perlustrato dalle radici e sulla ricerca di acqua: questo dipende dal tipo di inerbimento con il quale compete la vite, perché se ho un prato naturale prevalente di graminacee che hanno un apparato radicale fascicolato che non va troppo in profondità e il feltro che crea in superficie è molto compatto, la competizione è nella zona di sviluppo degli apparati radicali fascicolati che trattengono anche l'acqua e l'umidità; bisogna vedere la competizione del cotico erboso, se si approfondisce o meno, perché se il cotico erboso è molto fitto la quantità di acqua che percola in profondità è ridotta e non è così automatico che la pianta sia stimolata ad andare in profondità (confermando che l'inerbimento non aiuta ad approfondire le radici).

L'inerbimento può essere anche usato come pacciamatura aumentando la protezione idrica sia erosiva sia traspirativa e termica; una pioggia violenta in un terreno compatto non entra, quindi se coperto da vegetazione è protetto ma non penetra.

A volte semplifichiamo le cose e le soluzioni: per esempio, in un momento di siccità, lavorando il terreno, tolgo tutte le concorrenze possibili da parte delle infestanti e nell'immediato risolvo con un certo effetto positivo della pianta; ma nel medio periodo non è risolutiva perché la lavorazione accelera la mineralizzazione della sostanza organica, contribuendo negativamente sul bilancio e inoltre il terreno asciutto si scalda ancora di più.

Purtroppo vanno fatte valutazioni in maniera più complessiva e programmatica con una visione generale del sistema vigneto (olistica). Ricordiamoci che il sovescio è uno dei tanti esempi per l'apporto di sostanza organica, ma non è un'operazione sistematica prevista e va valutata di volta in volta.

L'apporto della sostanza organica compostata deve avvenire quando è matura: se il letame è ben umificato (lo si percepisce quando non si distingue la lettiera da deiezioni) e ben maturo posso distribuirlo per assurdo in qualsiasi periodo dell'anno perché non ho liberazione immediata di azoto e la cessione degli elementi è molto lenta e non soggetta ad escursioni stagionali; al contrario se non è maturo posso avere delle perdite di azoto, quindi non va distribuito in estate perché si avvantaggia la fase vegetativa.

La sostanza organica messa nell'acqua non deve puzzare, altrimenti vuol dire che è stata bloccata la fermentazione, in particolare per i concimi pellettati anche quando distribuiti nel terreno.

La resa in humus del letame può essere dal 35-50% (coefficiente isoumico) massimo del peso secco, quindi vuol dire che 1 quintale di letame tal quale è 80% di acqua e rimangono 20 kg di sostanza secca, da cui posso trarre 7-10 kg di sostanza organica stabile/humus (per quintale di tal quale).

Quindi, per ripristinare 20 quintali di humus-sostanza organica all'anno, ci vogliono 200 quintali tal quale, che portano 14-20 quintali di sostanza organica stabile.

Se il letame è leggermente maturo forse può essere qualche quintale in meno del calcolo.

La resa in humus di erba (di essenze nei nostri vigneti) può essere del 17% (coefficiente isoumico), la metà del letame.

2.4 Gestione del suolo: la concimazione[14]

La concimazione è quella pratica che consente il ripristino degli elementi chimici asportati con le coltivazioni ed è necessaria per ottenere produzioni soddisfacenti.

---

[14] Porro D, Schippa M. Fertilità chimica del terreno: quali nutrienti e come somministrarli. 2022. *4Grapes,* https://www.facebook.com/4grapes.it/videos/662138808353896

La prima domanda da farsi sulla concimazione è: serve?

Non esistono modelli viticoli che non prevedono l'apporto di elementi alle piante perché se non si ridà alla pianta ciò di cui necessita, dopo qualche anno le viti andranno in stress.

È buona pratica redigere un piano di concimazione, all'occorrenza ogni 4-5 anni, dopo aver effettuato delle analisi del terreno; la nutrizione va calcolata anche in funzione degli asporti (produzione, vigoria, qualità della parete fogliare) e l'eventuale reintegro dei sarmenti (salvo patologie) perché ci permette di fornire le giuste quantità per ripristinare le riserve, tenendo conto di tutto; infatti circa l'80% del fosforo necessario per la vite viene fornito dai sarmenti e viene reso disponibile dai microrganismi.

Ad esempio, per un Cabernet con 8 tonnellate/ettaro di produzione vanno restituiti al terreno almeno: 40 kg di N, 11 kg di P_2O_5, 65 kg di K_2O, 83 kg di CaO, 17 kg di MgO e 7,5 kg di SO_3 (nessuno dà calcio, anche perché i nostri suoli sono in trasformazione e il calcare nel suolo permette la trasformazione e disponibilità del calcio). Ci sono asportazioni diverse per varietà e obiettivi diversi, non solo enologici ma anche di vigoria, poiché in alcune zone le viti non riempiono le chiome (in questi casi è molto utile l'apporto di azoto in forme facilmente assimilabili come l'urea per via fogliare); il 70% dell'azoto ritorna alle strutture permanenti dalle foglie, ma se non ho foglie nella chioma devo garantire una concimazione azotata per l'anno successivo.

Sicuramente la riserva nel suolo va curata tutti gli anni in modo da formare una base di ricostituzione annuale; in generale, per quanto riguarda gli elementi principali della nutrizione, si consiglia di:

- evitare gli eccessi di azoto in quanto stimolano troppo l'attività vegetativa a scapito della qualità dell'uva; va sottolineato però che negli ultimi anni si assiste a situazioni di inerbimento che portano ad una certa competizione delle piante con l'erba (specialmente nei primi anni di impianto), per cui non va sottovalutata l'opportunità di un apporto di azoto, tramite sostanza organica o concimi minerali o organo-minerali;
- un eccesso di potassio nel terreno determina una competizione con il magnesio, elemento già di per sé dilavabile, e aggrava la fisiopatia del disseccamento del rachide;
- il magnesio è fondamentale per diversi aspetti e una sua carenza determina il fenomeno sopra esposto;
- carenze di magnesio e di calcio, o meglio rapporto potassio/magnesio (calcio) spostato verso il potassio, sembrerebbero peggiorare la situazione; sia che si tratti di scompensi strutturali (dovuti al tipo di terreno o al portinnesto) oppure derivanti da una nutrizione squilibrata (calcio e magnesio scarsamente disponibili, mal assorbiti o eccesso di potassio); in situazioni di siccità il potassio, facilmente assorbito dai colloidi del terreno, risulta scarsamente disponibile, mentre nelle stagioni produttive e piovose, le piante incorrono facilmente in carenze di magnesio poiché il potassio molto disponibile nella soluzione circolante viene assorbito in modo preferenziale;
- la distribuzione di 100 unità per ettaro di P_2O_5 può aumentare la produzione fino al 30%.

2.4.1 Concimazione autunnale[15]

La concimazione autunnale o in post raccolta deve prendere in considerazione le singole varietà e le singole aree di coltivazione poiché si parla di intervenire quando il periodo di vendemmia può variare da metà agosto fino a tutto il mese di ottobre, quindi in una finestra ottimale va da fine agosto a tutto ottobre e parte di novembre, così da costituire la formazione della riserva prima dell'inverno. Se possibile, i concimi sarebbero da somministrare in due tempi diversi: il 30% del fabbisogno di azoto, il potassio, il fosforo, il magnesio e il boro andrebbero nella fase di post-vendemmia (l'azoto in autunno è preferibile in forme nitriche prontamente assimilabili; l'altro 70% dell'azoto andrà in primavera); il boro e il calcio sono gli elementi meno mobili a livello di pianta, quindi la somministrazione autunnale permette un buon assorbimento perché c'è elevata attività radicale mentre nelle altre fasi, in particolare dallo sviluppo fogliare all'invaiatura, si può complementare per via fogliare. In post vendemmia, potrebbe essere utile anche il nitrato di calcio per ripristinare le riserve azotate e apportare calcio al terreno.

Per quanto riguarda il magnesio è utile il suo stoccaggio in post raccolta affinché sia disponibile nelle fasi di bisogno quando c'è maggiore produzione di foglie e di clorofilla, poiché in caso di carenze o riduzione nella formazione di foglie, si avranno problemi di aromi, di colore, ecc.

Se si usano concimi organici, il periodo migliore per somministrarli è quello successivo alla vendemmia, in modo che in

[15] Bigot G, Porro D. Il fabbisogno di elementi chimici in relazione all'andamento stagionale. Op. cit.

autunno - inverno ci sia un rilascio lento e poi successivamente in primavera, senza il rischio di dilavamento. La distribuzione all'inizio della stagione vegetativa è meno indicata in quanto può liberare quantità di azoto eccessive durante l'estate che possono contribuire ad un eccessivo vigore.

2.4.2 Concimazione organica

Per quanto riguarda l'uso dei prodotti organici bisogna ricordare che non vanno interrati in profondità oltre i 20-25 cm, poiché innescano fermentazioni anaerobiche anomale nel caso di scarsa aerazione e scarsa dotazione microbiologica.

È fondamentale produrre un piano di concimazione a seconda delle diverse situazioni, come zone magre, fertili, carenti o vitigno, e correlarle alla quantità prodotta al fine di personalizzare il piano di gestione.

Inoltre va tenuto conto che l'apporto di sostanza organica richiede più tempo per essere biodisponibile rispetto ad un minerale: in media ci vogliono 3 anni e la disponibilità azotata è del 30% annuo circa.

Per quanto riguarda alcuni prodotti di concimazione organica[16] in biologico possiamo avere:

- concimi organici azotati a più lento effetto, prediligendo la composizione di:
  - cornunghia (torrefatta o naturate);
  - cuoio torrefatto o cuoiattoli;

[16] L'apporto di compost a 200 g/pianta porta ad un miglioramento qualitativo del suolo, che si osserva con un aumento quantitativo della vigoria e della produzione

- concimi organici azotati a meno lento effetto, prediligendo la composizione di:
  * sangue secco;
  * farina di carne;
- concimi organici azotati con azione pronta e lento effetto, prediligendo la composizione di gelatina idrolizzata per uso agricolo;
- concimi organici azotati con azione nutrizionale e ammendante, prediligendo la composizione di letame essiccato;
- concimi organici azotati fosfatici, prediligendo la composizione di:
  * farina d'ossa;
  * miscela di concimi organici N/P (farina di carne e di ossa);
- concimi organici azotati potassici, prediligendo la composizione di:
  * borlanda essiccata (solida);
  * borlanda fluida (liquida);
- concimi organici azotati liquidi per uso fogliare e fertirrigazione, prediligendo la composizione di:
  * sangue liquido;
  * epitelio animale idrolizzato;
  * carniccio fluido in sospensione.

2.4.3 Concimazione primaverile

Per aumentare la vigoria, e quindi avere un'azione rivitalizzante, può essere utile la distribuzione in primavera di azoto, calcio e magnesio in forma di nitrato di calcio o nitrato di magnesio.

Il terreno va preparato all'assorbimento radicale: se possibile evitando interventi drastici, optando per un'erpicatura o l'interramento di una parte dei concimi per renderli più efficienti. In questa fase, la fertirrigazione può essere utile (sistema a goccia), fornendo al terreno elementi mobili, quali azoto e potassio.

Nei terreni dove non è possibile concimare il suolo (rittochino o casi particolari) si può concimare per via fogliare (sempre per l'apporto di azoto) con urea al 4-5% (dosi differenti rispetto alla primavera- stagione vegetativa).

2.5 Concimazione a scopi enologici

La fertilizzazione va modulata in base all'obiettivo enologico attraverso piani specifici; per esempio per l'ottenimento di vini spumanti o vini bianchi fermi caratterizzati da una buona freschezza e acidità, è bene che l'azoto non venga applicato con un unico intervento a primavera, poiché può diventare promotore di vigore eccessivo delle piante; se opportunamente frazionato fino all'invaiatura, non comporta particolari problemi di eccesso di vigore ma favorisce un adeguato rinnovo di vegetazione mantenendo uno sviluppo equilibrato e un elevato tenore di acidità nelle uve.

Il frazionamento della concimazione tra autunno e primavera è particolarmente rilevante anche per il vino che si andrà a produrre (Tabella 2.9). Le unità di azoto ideali per una produzione di 120 q/ha per vini bianchi sono di 70 kg/ha, per vini spumanti sono di 70-80 kg/ha e per vini rossi sono di 40-50 kg/ha.

Riducendo il contenuto dell'azoto sulle uve hai comunque altri livelli qualitativi: per esempio profili aromatici migliori su alcune varietà, cambia il potassio nei mosti (acidità stabile) e un miglioramento del colore.

Tabella 2.9 – Unità fertilizzanti totali (kg/ha) da apportare con concimi granulari tradizionali in funzione dell'obiettivo enologico e del potenziale produttivo, considerando condizioni d media fertilità*

Obiettivo enologico		**t./ha**	**N**	**P_2O_5**	**K_2O**	**MgO****
Vino bianco	Tranquillo	10-14	70-110	30-60	70-120	20-40
	Struttura - invecchiamento	8-10	50-70	30-50	80-120	20-40
Vino rosso	Tranquillo	12-15	50-60	30-35	90-100	25-35
	Struttura - invecchiamento	7-10	40-50	30-40	90-110	20-30
	Rosati	10-15	60-80	30-35	50-60	20-30
Vino base spumante	Prosecco	16-18	60-100	30-50	70-80	30-40
	Base spumante	10-15	60-100	30-50	40-50	20-30
	Charmat	18-20	60-100	30-50	70-100	30-40

** Bigot G, Bigot L, Freccero A, Stecchina M, Mosetti D, Lujan C, Sivilotti P. fertirrigazione del Pinot grigio: più qualità e più guadagno. 2014. L'Informatore Agrario, 32 (43-48).*

*** MgO da modulare in funzione del vitigno e della analisi del terreno*

CAPITOLO TRE

Gestione della vegetazione

3.1 Il germogliamento[1]

L'evento del pianto sancisce la transizione tra la fase di dormienza e quella di crescita; tipicamente si manifesta con l'emissione di linfa xilematica, spesso piuttosto copiosa, sotto forma di gocce, che fuoriesce dai tagli di potatura invernale. In generale la pianta si risveglia con temperature del suolo superiori a 7 °C, con l'optimum intorno a 8-10 °C.

La causa del pianto è da attribuirsi ad un fenomeno di pressione radicale derivante dalla notevole mole di soluti im-

---

[1] Con il germogliamento, la fotosintesi dei nuovi germogli si integra all'assorbimento dalle riserve; infatti queste si esauriscono circa a metà del periodo che intercorre tra il germogliamento e la fioritura, quando i germogli hanno circa otto foglie separate dall'apice. A quel punto la vite possiede una superficie fogliare adeguata a mantenere la crescita dei germogli e dell'apparato radicale che in quel periodo riattiva la crescita con la produzione di radici assorbenti e la conseguente assimilazione di nutrienti. L'esaurimento delle riserve pone peraltro la pianta in una condizione di dipendenza dalle condizioni termiche e luminose che regolano la fotosintesi; ciò si può ripercuotere sulla disponibilità di fotosintetati per i diversi organi sink e specificatamente per gli apici dei germogli, l'infiorescenza e gli apici radicali.

magazzinati nelle strutture di riserva, che viene convogliata all'interno dello xilema generando un aumento della pressione osmotica; tale pressione, richiamando acqua dal terreno genera forza motrice in grado di spingere l'acqua verso l'alto.

Il pianto assolve importanti funzioni biologiche: in primo luogo serve a ripristinare la normale conducibilità xilematica, che durante la stagione invernale può essere in parte compromessa dalla formazione di bolle d'aria (cavitazione); inoltre, il pianto reidrata le gemme in previsione del germogliamento e le rifornisce di ormoni (citochine) sintetizzati a livello radicale.

3.2 Morfologia e fisiologia del germoglio

Il germoglio della vite può essere diviso sulla lunghezza in tre parti: fascia grappoli (basale), fascia di maggiore vegetazione e di formazione delle femminelle (mediana) e fascia giovane in perenne formazione (apicale), dividendo altresì la sua formazione:

- nella prima fase del germogliamento, si forma la parte basale del germoglio durante il periodo di minor somma termica;
- nella seconda fase del germogliamento, si forma la parte mediana del germoglio, in quanto ci sono le condizioni ideali per il massimo vigore vegetativo con buona sommatoria termica, buona disponibilità idrica e di una parte vegetativa già in piena attività fotosintetica, in questo modo si definisce la maggior massa di vegetazione;
- nell'ultima e terza fase si ha il completamento della seconda: la parte apicale del germoglio si accresce nella stagione già calda, con probabile limite di acqua e con una induzione

ormonale alla crescita che va via riducendosi: non si sviluppano più le femminelle.

Nel caso frequente di cimature regolari alla sommità della chioma, questa terza fase non c'è, mentre è presente quando si effettua la cordonatura per la formazione del cappello di vegetazione.

Lo sviluppo di ogni parte del singolo germoglio è differente in relazione all'epoca. In fasi avanzate della stagione, alla base del tralcio la vegetazione è modesta, le femminelle hanno poca vigoria e non crescono in quanto inibite dalla dominanza degli apici. Nella parte mediana si ha uno sviluppo crescente delle femminelle fino a una certa epoca stagionale, per poi decrescere con regolarità. La parte apicale continua a svilupparsi nel corso della stagione, mantenendo una conformazione giovanile per la sua quasi interezza e chiedendo alla pianta più risorse di quanta essa possa produrne: questa parte si riconosce per i meritalli e i viticci perfettamente sviluppati, mentre le foglie difficilmente raggiungono il pieno completamento dell'attività fotosintetica e la propria dimensione.

In relazione a questo ordine fisiologico naturale, è fondamentale la cura della fascia di vegetazione al di sopra dei grappoli.

La vegetazione che utilizza gli zuccheri prodotti riguarda:

- la parte giovane apicale, che utilizza tutti i getti primari e secondari;
- i grappoli, che dopo l'invaiatura acquisiscono la priorità e accumulano gli elaborati;
- la lignificazione dei germogli, che si trasformano in tralci;
- l'apparato radicale, per l'accumulo di riserve.

È da sottolineare che l'intensa attività di respirazione di un germoglio di grande vigoria porta a una maggiore distruzione degli zuccheri rispetto a quella di germogli di più ridotta crescita. L'eccesso di vigoria è in molti casi sfavorevole all'equilibrio delle piante al fine del completamento della maturazione.

3.3 I tempi della vegetazione

Per conoscere meglio i tempi più opportuni e come intervenire in tema di potatura verde sono necessarie alcune considerazioni:

- la foglia impiega circa 35-45 giorni dall'inizio della sua formazione per raggiungere l'apice di sviluppo e attività fotosintetica;
- il germoglio, nel corso della sua seconda fase di sviluppo, è predisposto ad un rapido allungamento; le foglie sono molto più lente nel loro sviluppo;
- in corrispondenza di ogni nodo del germoglio, le gemme pronte si risvegliano per la formazione delle femminelle; queste ultime pertanto, pur se disetanee, risultano molto prossime come evoluzione l'una dall'altra.

Il completamento in altezza del germoglio richiede un tempo nettamente inferiore rispetto a quello dello sviluppo delle foglie: ne consegue la vicinanza di età fisiologica tra foglie poste a differenti nodi di germoglio (escluse quelle dell'apice). Stessa condizione si rileva per le foglie basali delle nuove femminelle, pur se anche esse situate alle varie altezze.

L'intera vegetazione del filare si può ripartire così ordinatamente in una quantità di foglie adulte che interessa la sagoma della spalliera e un volume di vegetazione giovane che da essa deborda: quest'ultima, per il suo sviluppo, si avvale di quanto elaborato dalle foglie sottostanti già ben formate. Questa prima fase del processo di crescita richiede circa 20 giorni.

Ogni apice è un punto di concentrazione di ormoni e auto-stimola l'ulteriore sua crescita, che si può protrarre anche per 40-50 giorni, a seconda delle circostanze ambientali e di fertilità. Con la cimatura si eliminano quindi tutte le parti giovani dei getti che tendono a formarsi nell'arco del periodo primaverile; il permanere di esse, oltre a definire un notevole disordine vegetativo della spalliera, accentua la predisposizione alle fisiopatite per carenze nutrizionali e il ritardo delle fasi di traslocazione e accumulo degli elaborati come riserve. La precocità con cui quest'operazione è eseguita è un fattore basilare per conseguire nel più breve tempo possibile la condizione di pieno sviluppo e attività fotosintetica di foglie mature, il totale e proficuo impiego degli elaborati e il miglior equilibrio fisiologico della vite.

3.4 La palizzatura della vegetazione

La vite è particolare per il suo portamento sarmentoso e tende a crescere in varie direzioni; sovente capita di trovare strutture di sostegno non sempre proporzionate al volume della parte epigea.

Al risveglio primaverile, a seguito della consistente potatura invernale, la vite ricostituisce in breve tempo la massa vegetativa per rispondere alle esigenze della sua fisiologia, dettate dall'alterato equilibrio con l'apparato radicale.

L'attività vegetativa della vite inoltre varia in relazione al periodo stagionale: il germogliamento che alla nostra latitudine si verifica normalmente nel mese di aprile è una fase in cui l'allungamento dei germogli è lento e non sempre omogeneo. I primi apici vegetativi, superato l'avvio dello sviluppo fortemente condizionato dalle temperature atmosferiche, si accrescono sempre più rapidamente in seguito alla comparsa delle prime foglie, che garantiscono maggiore capacità di sintesi, e alla definizione degli equilibri ormonali all'interno di ogni germoglio; infatti, a seguito degli effetti della dominanza apicale (inibizione esercitata dall'apice più alto e vigoroso sui restanti) la differenza di sviluppo delle gemme più tardive diviene evidente e permarrà per tutto il ciclo stagionale.

Per ogni sistema di allevamento adottato, è opportuno tendere, per quanto possibile, alla maggiore uniformità della vegetazione; ogni germoglio sarà infatti portatore di grappoli che nell'ambito delle singole piante dovranno essere omogenei.

La disomogeneità comporta numerosi aspetti negativi, tra cui l'affastellamento dei germogli e la loro incontrollata competizione, con ripercussioni quali:

- irregolarità delle diverse fasi fenologiche;
- minore potenzialità fotosintetica della massa vegetativa;
- maggiore predisposizione agli attacchi dei parassiti;
- influenze sulla qualità della produzione.

Parlando del sistema di allevamento a Guyot, l'assetto verticale di ogni germoglio, oltre alla migliore vigoria garantisce la perfetta distinzione tra la parte basale mediana e apicale, così da trovarsi a pari livello in altezza sulla spalliera. I grappoli risultano ben distribuiti vicino al capo a frutto, le femminelle hanno la propensione a crescere nella fascia superiore in modo ordinato e lateralmente alla spalliera: questo riguarda soprattutto le femminelle che si accrescono più tardi, poiché inizialmente è ancora così forte la vigoria impressa dalla pianta che esse tendono a mantenersi verticali senza flettere verso l'esterno.

Sono diversi gli aspetti per i quali l'ordine e l'uniformità della vegetazione costituiscono valore basilare nella forma di allevamento a Guyot. Lo studio delle strutture di sostegno verticali ed orizzontali permette di ottenere l'uniformità verticale della vegetazione sulla spalliera; è anche importante esaminare e porre attenzione riguardo la distribuzione della densità di vegetazione orizzontalmente lungo il filare.

A tal fine, si procede con la palizzatura in due o tre tempi in relazione alla vigoria del vigneto, cioè alla sistemazione eretta e parallela dei germogli fruttiferi, quando questi abbiano raggiunto una lunghezza di circa 40-50 cm.

Sotto il profilo fisiologico, l'epoca del primo palizzamento corrisponde al passaggio tra la crescita lenta dei germogli, propria del primo periodo di sviluppo, alla seconda epoca in cui l'allungamento diviene sempre più veloce; il primo palizzamento è il più complesso per l'eterogeneità di lunghezza dei germogli lungo il capo a frutto e pertanto l'operazione che si svolge velocemente per la poca massa vegetativa presente, ma che strategicamente deve avvenire in epoca ben definita.

Se c'è il filo unico soprastante quello di banchina[2], i germogli sono fissati singolarmente o con la stesura di due cordini di nylon alla spalliera, uno per parte.

Se i fili di ferro per la seconda posizione sono doppi e ancor meglio sostenuti da molle distanziatrici, quando la quasi totalità dei germogli li hanno raggiunti, si chiudono pinzandoli con

[2] È il primo filo, detto anche portante, su cui viene legato il tralcio rinnovato del capo a frutto.

fermagli appositi, in quantità sufficiente a garantire che i getti rimangono in posizione eretta.

Con questa operazione, si provvede anche a distribuire con la maggiore uniformità possibile la densità della vegetazione lungo il filare. Naturalmente, nel caso del sistema a Guyot, i getti più prossimi al ceppo formano un maggior assembramento, poiché si verifica sovrapposizione tra i germogli del tratto iniziale del capo frutto, soventemente inclinato e talvolta anche verticale, e la vegetazione che proviene dallo sperone.

Nelle successive opere di palizzatura diventa sempre più difficile la regolarità della distribuzione parallela dei singoli getti, è tuttavia importante perseguire il miglior risultato per quanto possibile; a tal fine, è da considerare la posa di un legaccio o fermaglio tra i fili a ogni metro circa.

Da questo momento in poi, il contenimento della vegetazione alla sommità e ai lati del filare potrà avvenire interamente con l'impiego della cimatrice.

È possibile con il decorrere della stagione, che si renda necessario liberare i grappoli dalla costrizione del primo palizzamento per consentire ad essi di scendere spontaneamente separandosi meglio dalla vegetazione.

3.5 La densità della vegetazione

La densità della vegetazione concorre a impedire sbalzi di temperatura troppo consistenti e inoltre la sua larghezza immediatamente al di sopra della fascia dei grappoli li ombreggia parzialmente. Solo nel pomeriggio avanzato, quando i raggi solari avranno una certa inclinazione potranno colpire i grappoli. Dopo breve tempo, ritornerà l'ombra per la proiezione del filare vicino. Il tempo d'insolazione sarà così limitato e di conseguenza anche il rischio di ustioni e surriscaldamento. Condizione fondamentale per questo tipo di gestione è il capo a frutto orizzontale sul primo filo di ferro, cercando ci compensare l'irregolarità di distribuzione dei grappoli nella chioma.

Rimane in ogni modo ben definita l'esigenza che il modello di gestione si avvicini per quanto più possibile a quello proprio delle piante spontanee; nei coltivi, infatti, i rischi di danni di ustioni per opera del sole sono maggiori. A seconda dei vigneti si potrebbe procedere con il diradamento delle foglie attorno ai grappoli affinché esse non ne siano direttamente a contatto, espletino un'azione di ombreggiamento e nel contempo consentano anche una certa ventilazione. La sfogliatura è normalmente svolta sul lato della spalliera rivolto a Est o a Nord e più lieve o nullo a Ovest e a Sud.

In alternativa, per contenere i rischi di ustione, è possibile allargare le chiome: prediligendo una legatura ad archetto e aprendo le molle sulla prima coppia di fili, si riesce a creare una zona ombreggiata in cui i grappoli sono al riparo dalle radiazioni solari. Con questo metodo, si deve stare attenti alla gestione fitosanitaria, ma una chioma più larga è più ventilata.

3.6 Efficienza fotosintetica della chioma[3]

La chioma e la gestione della stessa sono molto importanti e la sua conoscenza, le osservazioni e la sua misurazione possono fornirci dati utili.

---

[3] Bigot G, Poni S. Indice Bigot - dalla ricerca al vigneto. 2020. *4Grapes,* https://www.facebook.com/4grapes.it/videos/1577942819038813

La superficie fogliare esposta (SFE) è uno dei parametri vegetativi più facilmente calcolabile perché si può misurare bene dal punto di vista pratico attraverso la seguente formula:

$$\mathrm{SFE(mq)}=[(hx2)+L]*D*Kv*Ki/10.000$$

h = altezza della chioma (cm)

D = distanza tra le file (cm)

L = spessore della chioma (cm)

Kv = spazi vuoti (in percentuale della chioma presente, per esempio 50% di spazi vuoti = 0,5)

Ki = coefficiente applicato in funzione del numero di strati fogliari e dell'ordine dei germogli della parete (varia tra 0 e 1). 1 indica una chioma ordinata, con 2-3 strati di foglie; 0,6 indica una chioma disordinata con 2-3 strati di foglie.

La SFE permette di valutare i mq di parete fotosintetizzante rilevata tramite monitoraggi stagionali, ma dovrebbe essere analizzata fin dalla fase d'impianto (altezza della chioma e distanza tra le file) per maggior efficienza dell'energia solare.

Ricordiamoci che la SFE non è statica, ma dinamica: varia anche durante la stagione, attraverso la gestione delle femminelle e delle cimature che per esempio posso alzare al secondo taglio.

Inoltre, questo valore può essere rapportato alla produzione di uva stimata per fornire indicazioni preventive alla qualità e agli obiettivi della produzione (valori medi si aggirano attorno a 1,2/1,8 m^2/kg).

3.7 Le quattro regole della potatura verde[4]

La potatura verde manuale predispone la vite a sviluppare nel migliore dei modi la massa di vegetazione e la crescita dei grappoli.

Sono operazioni semplici, che tuttavia richiedono esperienza e conoscenze basilari della fisiologia della pianta e dei successivi momenti fenologici cui è riferito l'intervento.

Il ricorso a diradamento dei germogli, sfemminellatura e defogliazione con asportazione di ampie superfici fogliari in prossimità dei grappoli può infatti ridurre eccessivamente la densità della chioma nella fascia produttiva e causare la perdita della protezione che le foglie basali dei germogli e delle femminelle esercitano nei confronti dei grappoli; occorre quindi intervenire con cautela evitando di semplificare troppo le chiome e cercare di mantenere le viti in condizioni di equilibrio.

Prima regola: un solo germoglio ad ogni nodo. Accade sovente che dalla stessa gemma si originino due germogli; ciò è dovuto al fatto che al suo interno vi sono tre apici vegetativi: uno principale e due secondari. Questi ultimi costituiscono un elemento di scorta che in natura si attiverebbe solo nel caso in cui il principale fosse non efficiente. Nel caso della vite potata, l'esuberanza vegetativa iniziale induce il risveglio di più apici che si contendono la dominanza apicale.

L'eliminazione dei germogli doppi è già una pratica normalmente in uso, solitamente la vigoria dei due è differente, proprio perché la morfologia stessa della pianta prevede più opportunità, ma in successione tra di esse.

---

[4] https://www.viticoltura.com/le-quattro-regole-della-potatura-verde/

Seconda regola: operare la sfogliatura alla base dei germogli che tendono a svilupparsi di più nelle viti vigorose. Quando i germogli hanno raggiunto la lunghezza di circa 20-25 cm, l'asportazione delle due foglie basali può in molti casi indurre più effetti positivi. Rallenta lo sviluppo vegetativo (importante per alcuni germogli), in quanto quelle foglie costituiscono circa il 60% dell'intera massa fotosintetizzante, permettono il migliore arieggiamento dei grappoli quando saranno verso la maturazione e la buona circolazione dell'aria è di beneficio per la fecondazione dei fiori.

L'opera di sfogliatura primaverile è particolarmente indicata nei vigneti eccessivamente vigorosi e dove si verificano frequentemente scarsi livelli di fecondazione.

Se in quest'epoca stagionale fosse già evidente una certa difformità vegetativa tra i germogli dello stesso capo a frutto, sarebbe utile effettuare la sfogliatura solo su quelli molto vigorosi che tendono a sovrastare gli altri.

La sfogliatura basale può prevedere la rimozione di più di due foglie, purché venga eseguita precocemente; questo permette di posizionare i grappoli in modo che beneficino di una ventilazione ottimale e di un'esposizione indiretta alla luce solare.

Terza regola: distribuire uniformemente il carico dei grappoli sul capo a frutto. È estremamente importante che la quantità di grappoli sia distribuita sulla lunghezza dell'intero capo a frutto. Così facendo, i singoli grappoli potranno essere meglio nutriti accrescersi con maggiore regolarità, si troveranno anche nelle medesime condizioni di insolazione e arieggiamento. Ne deve conseguire un carico di produzione per germoglio il più uniforme possibile, indipendentemente dalla loro vigoria iniziale.

La qualità della maturazione, infatti, deriverà principalmente dall'epoca uniforme di completamento tra tutti i grappoli: quelli ben formati e posti alle medesime basse collocazioni sui germogli fruttiferi garantiranno l'omogeneità attesa.

La vigoria dei singoli germogli, pur se sempre auspicabile, non è condizione prioritaria, poiché la sua riduzione in alcuni è derivata dalla competizione da parte dei vicini e non un caso di reale sofferenza.

Quarta regola: assecondare l'uniforme sviluppo dei germogli con la pratica manuale della cimatura. Quando il germogliamento è oramai ben avviato, nel caso in cui fossero ben manifeste differenze di sviluppo tra i vari germogli (alcuni lunghi 70-80 cm e altri 30-40 cm), sarebbe opportuno rallentare lo sviluppo dei primi e soprattutto ostacolare la loro azione negativa verso i germogli più piccoli.

Nel corso della seconda fase di crescita del germoglio, sono più evidenti le parti di cui si compone la sua lunghezza. Si distinguono così una parte basale completamente formata e riconoscibile per la sua consistenza rigida e una parte apicale, che risulta ancora molto tenera, esile e flessibile: quest'ultima è il luogo ove avvengono intense attività per l'ulteriore crescita dell'asse vegetativo del germoglio stesso, sovente a discapito di quelli più vicini.

L'asportazione manuale dei soli apici dei germogli più sviluppati non reca danni e ne determina il loro temporaneo arresto, a favore di quelli ancora meno sviluppati. Si può favorire così la crescita più regolare della vegetazione.

3.8 La gestione agronomica della chioma[5]

La gestione estiva della pianta con le cimature, le sfogliature, le sfemminellature e i diradamenti, permettono di intervenire sul rapporto tra la superficie fogliare e la produzione di uva in modo da portarla a livello ottimale, per migliorare la maturazione e le caratteristiche finali della qualità dell'uva. A tal fine, l'apparato fogliare deve essere equilibrato con il carico produttivo: questo si può ottenere disponendo in modo regolare la vegetazione, per aumentare la percentuale di foglie direttamente esposte alla luce solare e ridurre il numero di strati fogliari delle chiome (le foglie ombreggiate hanno attività fotosintetica limitata). Per lo sviluppo delle uve, è necessario un microclima ideale nella fascia produttiva, che si può ottenere con interventi sul verde.

Naturalmente il risultato di ogni intervento agronomico è condizionato dall'andamento climatico dell'annata e dal vitigno: non esiste pertanto una tecnica migliore di un'altra o un'epoca di intervento migliore di un'altra, ma più probabilmente esiste una tecnica ottimale per raggiungere uno specifico obiettivo che va applicato con modalità da valutare anno per anno.

3.8.1 Cimatura[6]

Inizialmente l'operazione veniva effettuata a mano e già così recava benefici riguardo ai tempi di lavoro necessari per l'accomodamento della vegetazione sui filari, dal momento in cui

[5] Guidoni S, Ferrandino A. La gestione agronomica del vigneto di Nebbiolo. 2006. *Quaderni di Scienze viticole ed enologiche,* 28 (115-123).
[6] Bigot G, Poni S. Indice Bigot - dalla ricerca al vigneto. Op. cit.

si sono diffusi le prime macchine cimatrici, i vantaggi sono aumentati notevolmente, poiché la scarsa disponibilità di manodopera specializzata ha sempre costituito il maggior limite per la tempestività delle operazioni colturali in viticoltura. Realisticamente, il vigneto ha quasi sempre necessità di uno o più interventi di cimatura dei germogli finalizzati essenzialmente al contenimento dell'esubero vegetativo e a evitare che germogli non cimati tendano a invadere lo spazio tra le file ricadendo verso il basso.

La cimatura è un'amputazione di parte della struttura dei germogli, in particolare gli ultimi tre-quattro internodi, i quali possiedono specifiche funzioni fisiologiche, fra cui il prolungamento del periodo di crescita e l'irregolarità di sviluppo delle femminelle. Quest'intervento, se svolto correttamente, agisce selezionando la vegetazione a favore di quella adulta, permette di indirizzare i comportamenti a livello fisiologico della pianta e sotto il profilo della gestione colturale, ne facilita gli interventi meccanici a favore di quelli manuali.

È finalizzata ad ottenere nel più breve tempo una massa di vegetazione densa, uniforme e coetanea, che favorisce:

- la complessiva maggiore attività fotosintetica;
- la minore predisposizione a formazione di zone di inoculo dei parassiti;
- la migliore distribuzione ed efficacia dei fitofarmaci;
- la migliore funzionalità fisiologica tra la fascia dei grappoli e la vegetazione sovrastante.

In ogni caso, non deve essere troppo consistente, poiché gli effetti secondari potrebbero essere numerosi e negativi e non deve avvenire nella zona intermedia.

Procedendo progressivamente attraverso più interventi, i germogli più vigorosi saranno cimati per primi, mentre gli altri saranno coinvolti solo al passaggio successivo; in questa fase, le femminelle tendono a uscire lateralmente dal filare si espongono al taglio della cimatrice, tutte alla stessa misura; appare quindi ancora più evidente come il taglio scalare sia il metodo più efficace per ridurre la variabilità nell'ambito delle singole viti e dello stesso vigneto.

Quando la cimatura interessa una parte consistente della pianta, emergono due elementi negativi:

- quando la vite, risentendo di tale improvvisa forte menomazione, è stimolata ad allungare il periodo di crescita erbacea e arresta o ritarda i processi di maturazione (ma non sempre vegetativa);
- il germoglio subisce un'alterazione in quanto è amputato nella sua parte mediana già lignificata.

All'epoca della potatura invernale, è possibile notare in un tralcio non reciso la decrescente lunghezza delle femminelle lungo il suo asse dalla base verso l'apice; esaminando per contro un tralcio malamente troncato, si osserva la situazione capovolta: le diramazioni laterali della punta sono più sviluppate rispetto a quella della base; ciò è dovuto al fatto che alcune gemme hanno risentito a livello ormonale delle amputazioni estive e si sono sviluppate per ricostruire la parte vegetativa mancante.

L'impiego di questa tecnica può diventare potenzialmente un mezzo di adattamento al cambio climatico: nel momento in cui un'operazione di cimatura si ritarda e/o viene eseguita in modo drastico, l'effetto di invecchiamento della chioma aumenta, per cui aumenta proporzionalmente anche l'asportazione delle foglie già mature, ma ancora pienamente funzionali e in misura ancora maggiore la chioma deve affidarsi a foglie mediamente vecchie, già decisamente senescenti.

L'effetto di questi fattori è quello di creare dall'invaiatura in poi una carenza quali-quantitativa di superficie fogliare che può paradossalmente tornare utile per un desiderato e calibrato rallentamento della maturazione.

Tra i lavori più interessanti, è quello condotto per un triennio sul vitigno Sangiovese allevato a cordone libero alto: nel caso specifico una cimatura a otto foglie principali effettuata una settimana dopo il raggiungimento della piena invaiatura ha, in due anni su tre, indotto un sensibile rallentamento dell'accumulo zuccherino senza penalizzare la maturazione fenolica. Tuttavia diventa molto difficile prevedere lo stesso schema di intervento su un sistema di allevamento a controspalliera dove sussiste un oggettiva difficoltà operativa. Se infatti la fisiologia dell'intervento presuppone la rimozione di foglie pienamente funzionali in un'epoca avanzata della stagione, è evidente che la prima cimatura deve essere forzatamente procrastinata fino a quando i germogli hanno ormai iniziato a ricadere verso l'esterno e a causare ombreggiamento alla fascia dei grappoli; una condizione che in ambienti che conferiscono elevata vigoria alle viti possono porre problemi di gestione del vigneto difficilmente negoziabili.

3.8.2 Epoche di cimatura

Una domanda ricorrente che si propongono i viticoltori riguarda l'epoca ottimale per effettuare la cimatura: facendo riferimento a sistemi di allevamento a controspalliera muniti di un filo portante basso e di alcuni fili singoli o coppie per il coinvolgimento verticale della vegetazione in crescita, l'epoca viene ad autodeterminarsi una volta abbondantemente superato il livello del filo portante più alto (all'incirca a 30-50 cm sopra).

Gli effetti della cimatura sulla qualità finale dipendono da quanto tempo ho davanti per la crescita potenziale e ricrescita delle femminelle che vado a stimolare con la cimatura, quindi in funzione dell'ambiente di coltivazione, poiché il rischio è di arrivare alla raccolta con delle foglie non ancora mature e abbastanza competitive.

La cimatura potenzialmente prevede l'intervento in tre epoche di interventi:

- pre-fioritura;
- allegagione;
- post-invaiatura.

In primavera, superato il germogliamento, le difformità che si rilevano lungo il capo a frutto sottolineano la competizione fra i singoli germogli, derivata dalle regole che governano la crescita vegetativa. I germogli meno sviluppati saranno ancora riconoscibili durante tutto il ciclo stagionale e questo è sfavorevole alla produzione per il loro collegamento fisiologico, sebbene con il progredire della maturazione tali differenze vadano attenuandosi; dovendo il viticoltore compiere a quest'epoca una prima cura manuale della vegetazione, l'eventuale cimatura dei pochi apici che dominano sui restanti germogli non costituisce aggravio di lavoro, e con quest'opera è possibile ridurre le differenze di crescita tra i diversi getti.

In pre-fioritura, nel caso di viti il cui eccessivo vigore vegetativo contrasti l'evolversi della fecondazione, è nuovamente un momento favorevole per regolarizzare lo sviluppo della vite coltivata. La distribuzione dei carboidrati mette al primo posto l'apice vegetativo e la forza di richiamo è tanto maggiore quanto più è forte è la vigoria delle viti, e in alcuni casi è tale che le piante perdano i grappoli (filatura[7]). Così che la cimatura fatta in questo periodo va a rimuovere l'apice e causa una ridistribuzione dei carboidrati verso le infiorescenze, migliorando l'allegagione. Sui vigneti vigorosi, dopo circa due anni, questa tecnica ha portato al potenziamento delle infiorescenze per tralcio (probabilmente dovuto al miglioramento dello stato nutritivo della vite – in particolare a carico dell'azoto – nel periodo vegeto produttivo). Invece sui vigneti meno vigorosi, questa tecnica mantiene livelli molto bassi di avvizzimento dei grappoli, circa un 2% contro oltre il 15% nella gestione con cimatura severa. Nei vigneti con notevole difformità tra le piante (normalmente quelli vecchi o quelli ripetutamente sottoposti a sofferenza di tipo fisiologico), le cimature tardive possono accentuare le differenze tra i ceppi e quindi in ultimo non recare il beneficio atteso.

Per un vigneto in equilibrio, la cimatura si rende necessaria all'allegagione, poi dopo circa 40-45 giorni circa siamo all'invaiatura: è lo stesso tempo che è necessario ad una foglia per completare la maturazione. Bisognerebbe quindi ottemperare a queste regole poiché più tardi si va con la cimatura e più difficile è rientrare in questo tipo di situazione (comportandosi

[7] In condizioni di carenza di fotosintetati per basse temperature e bassa luminosità, lo sviluppo delle infiorescenze può essere danneggiato con fenomeni di filatura e di colatura. Questi squilibri nella crescita possono essere accentuati quando le condizioni di fertilità del suolo stimolano fortemente la crescita dei germogli specie con vitigni e portinnesti vigorosi. Per contrastare il fenomeno della filatura, il Professor Poni ha provato un Cabernet Sauvignon una potatura nella fase fenologica BBCH 73-74 (grano di pepe); i tralci sono stati tagliati a 6 nodi - gemme e le femminelle sono state tagliate tutte al fine di far germogliare le gemme in maniera anticipata e ottenere una produzione ancora nell'anno.

solo come concorrente competitivo).

Quando ti trovi alla seconda cimatura (verso luglio per intenderci) e le femminelle sono in attenuazione di crescita e nell'arco di 1-2 settimane si fermeranno, bisogna valutare il taglio perché in caso di condizioni favorevoli alla ricrescita, si rischia di avere femminelle altamente competitive per la maturazione.

Ricordo che la cimatura[8] effettuata successivamente all'invaiatura, viene utilizzata come tecnica per sincronizzare la maturazione tecnologica e quella fenolica.

Nel caso della maturazione dei grappoli e della lignificazione dei tralci (agostamento) questa pratica non ha più motivazione a livello fisiologico e può semplicemente consistere nell'eliminazione di nuovi ricacci che la vite propone; questo può essere proficuo al fine di eliminare una massa verde facilmente suscettibile all'infezione tardiva di peronospora; è da considerare tuttavia che a quest'epoca la vegetazione non si rinnova più con la formazione di nuovi getti e una cimatura eccessiva può ridurre percentualmente l'apparato fotosintetizzante in modo non opportuno e definitivo.

Il vigneto ideale è quello che non ha bisogno di cimatura: cresce rapidamente in primavera, formando la chioma entro la fase estiva, e che si "spegne" gradualmente prima dell'invaiatura, ma purtroppo sono rari. Il vigneto equilibrato è quello che arriva alla prima cimatura a ridosso dell'allegagione (se ci arriva prima è vigoroso).

[8] La cimatura tardiva, cioè durante o dopo l'invaiatura, rallenta i processi di maturazione, che può anche subire uno squilibrio, in particolare nei vigneti deboli o in presenza di condizioni di stress; in questa fase, la richiesta energetica per la maturazione di uva e del legno non è soddisfatta dalle foglie restanti (il sink più forte sono i grappoli che devono maturare e quando si creano fenomeni di carenza ci rimettono i sink più deboli, che in questo caso sono i tralci che devono maturare).

È bene puntualizzare che quando si cima si va ad eliminare la parte distale del germoglio, lontano dal grappolo; la sfogliatura invece avviene nella fascia del grappolo.

3.8.3 Influenza di diversi livelli di cimatura sulla qualità del mosto[9]

Per quanto riguarda l'intensità della cimatura possiamo fare un semplice calcolo: ipotizzando uno sviluppo medio alla parete intorno a 1-1,20 m e aggiungendo un esubero di vegetazione pari a 30-50 cm, la lunghezza dei germogli cimati si attesta intorno a 1,30-1,60 m, un valore entro il quale possono tranquillamente collocarsi una ventina di foglie.

La sperimentazione che è stata condotta nel 2000 aveva lo scopo di verificare le implicazioni di differenti livelli di cimatura[10] eseguita su Cabernet Sauvignon su superficie fogliare, produzione e qualità; sono perciò state confrontate 5 tesi: testimone non cimato, cimatura al 12° nodo (T12) o cimatura al 6° nodo (T6), sia mantenendo i germogli secondari che si sono sviluppati in seguito alla cimatura (M), sia togliendo gli stessi (R).

Ne è scaturito che la superficie fogliare è risultata statisticamente inferiore per le tesi T12R e T6R, mentre le femminelle

[9] http://www.viten.net/contributo/get/17

[10] La cimatura va effettuata mantenendo un numero minimo di foglie sul germoglio principale (12-15); occorre evitare interventi a ridosso dell'invaiatura; infatti a seconda dell'andamento stagionale, la ricrescita di femminelle può essere o troppo scarsa o troppo abbondante e avere quindi, sia pure per meccanismi diversi, ripercussioni negative a carico della quantità delle uve; riemissione di femminelle troppo intense e prolungate competono infatti in modo eccessivo con i processi di accumulo dei soluti negli acini penalizzando la composizione finale

emesse dopo la cimatura nelle tesi T12M e T6M sono state sempre sufficienti a compensare l'asporto di vegetazione dovuto al taglio; T6M ha anche mostrato una maggior emissione di femminelle rispetto a T12M. I parametri produttivi non differivano fra le varie tesi ad eccezione della dimensione dell'acino che era significativamente inferiore nelle tesi tagliate al sesto nodo (T6). La maturazione è risultata ritardata per T6R con livelli zuccherini inferiori alle altre tesi, pH, antociani, fenoli più bassi e acidità titolabile maggiore; anche T6M ha mostrato una minor concentrazione zuccherina rispetto al testimone. Nessuna differenza qualitativa per le tesi T12, anche se a livello numerico T12R mostrava parametri qualitativi più modesti in confronto al non cimato, sia per quanto riguarda i metaboliti primari sia secondari (Tabella 3.1). La capacità fotosintetica da parte delle

Tabella 3.1– Analisi dei mosti di piante cimate con metodi diversi*

	Solidi solubili (°Bx)	**pH**	**Ac. totale (g/l)**	**Ac. tartarico (g/l)**
Testimone	19,1 a	3,51 a	5,91 b	5,8 b
T12M	19,2 a	3,44 a	6,63 b	5,8 b
T12R	18,9 a	3,45 a	6,63 b	5,8 b
T6M	17,9 b	3,37 ab	7,18 ab	5,7 b
T6R	14,6 c	3,32 b	9,41 a	8,2 a

	Ac. malico (g/l)	**Polifenoli (mg/acino)**	**Antociani (mg/acino)**	**K+ (mg/l)**
Testimone	2,2 b	4,2 a	1,52 a	1844 a
T12M	2,9 b	3,36 ab	1,27 ab	1819 a
T12R	2,8 b	3,69 a	1,28 ab	1694 a
T6M	3,3 b	3,17 ab	1,05 b	1742 a
T6R	4,2 a	2,58 b	0,58 c	1998 a

* *http://www.viten.net/contributo/get/17*

foglie principali è risultata maggiore nelle tesi cimate rispetto al testimone. Considerando invece le femminelle, la capacità di assimilazione aumenta proporzionalmente alla dimensione delle stesse e inversamente al numero di foglie principali lasciate.

Da questi risultati si evince che la capacità fotosintetica dell'apparato fogliare è influenzata dalla cimatura; per esempio, T6R ha mostrato le peggiori performance rispetto alle altre tesi, perché presentava la superficie fogliare più contenuta, minor rapporto foglie/frutti e una vegetazione più vecchia.

Invece, T6M ha ritardato la maturazione in misura molto inferiore, senza influire sul rapporto foglie/frutti; tale tesi ha ottenuto un ottimo indice di fotosintesi ed efficienza anche in post-invaiatura. In sintesi, dalla tabella di evince che:

- la cimatura a 12 foglie non ha modificato la resa e la qualità delle uve (Tabella 3.2);

Tabella 3.2 – Effetti dell'intensità di cimatura tardiva a 4 settimane dalla maturazione (23/8 e vendemmia il 19/9) sui parametri vegeto-produttivi e qualitativi**

Intensità di cimatura	**Area fogliare totale (m^2)**	**Quota femminelle (m^2)**	**Resa / ceppo (g)**	**°Bx**	**Acidità titolabile (g/l)**	**Fenoli totali (mg/ acino)**	**Antociani totali (mg/ acino)**
Non cimato	2,81 a	0,71 b	1688	19,1 a	5,91 b	4,02 a	1,52 a
C12-CF	2,70 a	1,13 ab	2186	19,2 a	6,63 b	3,36 ab	1,27 ab
C12-SF	1,68b	-	1706	18,9 a	6,63 b	3,69 a	1,28 ab
C6-CF	2,24 ab	1,42 a	1985	17,9b	7,18 ab	3,17 ab	1,05 b
C6-SF	0,90 c	-	1767	14,6 c	9,41 a	2,58 b	0,58 c
Signif.	*	*	n. s.	*	*	*	*

** *Gatti M. Stress multipli estivi: impatto su produzione e qualità dell'uva. 2018. DEMOdays*

- C6-CF (T6M) ha determinato abbassamento di solidi solubili e fenoli totali (Tabella 3.2);
- C6-SF (T6R) ha arrestato la maturazione (competizione eccessiva delle femminelle, Tabella 3.2);
- le foglie principali delle tesi senza femminelle hanno presentato un innalzamento della Pn (fotosintesi netta);
- la cimatura dovrebbe mantenere un minimo di 10-12 foglie per garantire la maturazione;
- evitare drastiche cimature (soprattutto tardive);
- la ricrescita delle femminelle è imprevedibile;
- cimature alla vendemmia possono ridurre l'accumulo delle sostanze di riserva, soprattutto nei vitigni precoci.

Quindi la cimatura corta, con eliminazione della nuova vegetazione, è la tesi peggiore; meglio tagliare corto ma gestire e tenere la nuova vegetazione.

3.8.4 Cordonatura o piegatura dei germogli

La cordonatura prevede non di asportare, bensì di fasciare sull'ultimo filo della spalliera le porzioni distali dei germogli che superano in altezza il livello di quest'ultimo. Questa piegatura o arrotolamento forzato rallenta la crescita dei getti più vigorosi; ancora oggi nei vecchi vigneti di maggior pendio, dove non è possibile l'impiego delle macchine, la pratica colturale è interamente manuale, con i limiti di tempo e di operatività che ne conseguono. Nella maggior parte dei vigneti, non è tuttavia quasi più adottato in quanto è stata sostituita dalla cimatura.

Il piegare o arrotolare è una pratica che deve essere eseguita quando i germogli hanno superato l'ultimo filo di circa 1 m, in modo da essere ben legati in orizzontale, per poter poi procedere alla cimatura delle nuove femminelle che si svilupperanno in verticale da essi; diversamente la gestione meccanica consente di intervenire con opere di contenimento assecondando i tempi di sviluppo della vegetazione.

Sono state condotte delle sperimentazioni su dei vigneti di Nebbiolo dove non si sono evidenziate grandi differenze sulla qualità della maturazione; rispetto alla cimatura, la cordonatura, pur inducendo un maggiore accrescimento delle bacche ha determinato un minor peso dei grappoli e una diminuzione della produzione. Inoltre nei grappoli delle piante cordonate si è riscontrata una maggiore percentuale di acinellatura verde[11].

Nelle viti non cimate, le femminelle sono di meno e si sviluppano di più vicino alla fascia dei grappoli. La piegatura limita la dominanza apicale e la produzione di germogli secondari, si favorisce un bilancio più corretto dell'attività fotosintetica e respiratoria; in assenza di organi più giovani le foglie mantengono più a lungo l'efficienza fotosintetica, ritardando la senescenza delle foglie e portando a maturazione i grappoli in maniera più precoce anche in zone difficili (l'accapannato registra un maggior accumulo zuccherino rispetto al cimato)[12].

[11] Guidoni S, Ferrandino A. La gestione agronomica del vigneto di Nebbiolo. Op. cit.

[12] In annate o in zone tardive ogni volta che si cima, in particolare in fase di maturazione, la pianta stimola l'attività vegetativa e riduce la maturazione del frutto; in questi casi l'arrotolamento sulla cima non disturba i tempi di maturazione

3.8.5 *Sfemminellatura*[13]

Il rapporto ideale tra femminelle[14] e superficie fogliare totale è del 30%; oltre il 40% la chioma è nella fase competitiva ed è necessario un aggiustamento per andare verso il 30%.

Dall'invaiatura bisogna guardare quanti apici vegetativi di femminelle ci sono attivi perché se sono troppi possono causare ritardi di maturazione, ma questo effetto può essere positivamente sfruttato per ritardare la maturazione e contrastare gli effetti del cambiamento climatico.

Quindi va conosciuta meglio la femminella, per esempio, si deve prestare attenzione alla sfemminellatura successiva alla prima cimatura di fine giugno: la femminella normalmente è sterile, quindi la sua attività fotosintetica va verso i grappoli che lei non ha; in particolare, se andiamo in vigneto durante la maturazione, per esempio a 2 settimane dall'invaiatura, nel pieno dell'accumulo negli acini, le foglie basali e mediane delle femminelle hanno un loro valore di fotosintesi (per la 1ª-2ª-3ª-4ª foglia sono il doppio delle foglie mediane e basali adulte). Quindi va tenuto conto che la capacità fotosintetica di una foglia della femminella di 50 giorni è maggiore di una foglia adulta di 100 giorni dell'asse primario: inoltre l'efficienza fotosintetica della chioma non risponde solo agli zuccheri, ma ci sono tutti i metabolismi secondari.

Nel periodo primaverile, la vite è dotata di un'elevata vigoria, in quanto tende a ricostituire rapidamente il volume della chioma che le è stato asportato: è pertanto prevedibile che,

[13] Bigot G, Poni S. Indice Bigot - dalla ricerca al vigneto.
[14] La cimatura precoce stimola la crescita delle femminelle e quindi sia l'attività vegetativa iniziale sia i consumi idrici, ma permette una migliore copertura della fascia produttiva.

dopo il primo passaggio di sfemminellatura, sia necessario un secondo intervento, per togliere i nuovi ricacci.

La tecnica di asporto delle femminelle può influire sui tempi necessari per la nascita di altri germogli di sostituzione. Per questo è utile seguire alcuni semplici accorgimenti affinché quest'operazione sia pienamente efficace:

- non tirare la femminella verso il basso ma romperla al primo nodo (non si danneggerà così la gemma mista sottostante);
- rispettare la prima foglia della femminella; continuando la sua attività, essa rallenterà gli effetti della dominanza apicale, che sono favorevoli alla crescita di nuovi germogli;
- effettuare il primo intervento di sfemminellatura quando le femminelle sono già ben sviluppate, ma non ancora indurite (in questo modo gli effetti della potatura verde saranno più duraturi).

Le femminelle che si sviluppano tardivamente nella fascia dei grappoli hanno uno sviluppo limitato e acquisiscono rapidamente consistenza; tardivamente si può costituire una nuova vegetazione nella parte basale dei germogli e la sua eliminazione deve essere fatta manualmente in modo che non si danneggino le future gemme ibernanti.

La sfemminallatura è da considerare anche nella valutazione dell'equilibrio generale per la difesa dalla peronospora, per comprendere se la mia parete avrà bisogno dalle femminelle, che solitamente sono attaccate dalla peronospora tardiva. Facendo un esempio pratico si può dire che la cimatura va fatta al tempo appropriato (allegagione) lasciando le foglie opportune: in un sistema in VSP di una parete corretta vuol dire almeno 1-1,20 m di chioma e che diventa 1,30-1,50 m dopo la cimatura. Lì dentro ci stanno 17-18 foglie principali, quindi se ho queste foglie saranno sufficienti anche senza o con poche femminelle.

3.8.6 Spollonatura

È l'eliminazione dei germogli che provengono dalle gemme latenti o avventizie del ceppo e della parte ipogea dal portinnesto; questi germogli sono chiamati anche "succhioni" in quanto si sviluppano da strutture epigee e non radicali (il termine "polloni" non è quindi appropriato per la vite).

Nella potatura a Guyot, l'emissione di questi germogli è una circostanza abbastanza regolare in quanto determinata dal modello di potatura: questi germogli sono più o meno contemporanei rispetto agli altri e posseggono maggior vigoria, la loro crescita può anche limitare quella dei germogli fruttiferi.

La spollonatura non dovrebbe essere troppo precoce, ma contemporanea al già avvenuto sviluppo dei germogli del capo a frutto; diversamente si avrebbe una nuova e vigorosa formazione di germogli dal ceppo e il primo lavoro sarebbe stato inutile.

3.8.7 Scacchiatura

È l'eliminazione manuale dei germogli doppi posti sul capo a frutto e sullo sperone e si effettua sia su cordone speronato sia su Guyot; è una operazione da farsi quando la vegetazione è lunga circa 15-30 cm. Diversamente da quanto sottolineato per la spollonatura, la scacchiatura può avvenire anche precocemente, in quanto una volta eliminati i germogli doppi, salvo eventi traumatici occasionali non se ne formeranno altri.

Le operazioni iniziali di potatura verde, spollonatura, scacchiatura e sfogliatura basale normalmente sono eseguite in un unico intervento.

Nella scelta si privilegiano sempre i germogli che recano i grappoli o che appaiono più vigorosi, è importante che ogni nodo del tralcio porti un solo germoglio fruttifero. La percezione di quest'operazione è quella di "dare luce" e "arieggiare - ventilare" la zona dei grappoli senza pensare ai comportamenti sull'equilibrio della vite. Infatti molti riscontri di letteratura individuano come il diradamento dei germogli primaverile abbia la capacità di modificare in maniera decisamente significativa il comportamento della vite e impattare in modo netto anche sulla composizione finale delle uve; in particolare non si deve dimenticare che l'operazione decisamente precoce lascia davanti a sé fino a sei mesi, nel corso dei quali subentrano importanti fenomeni di compensazione. Ad esempio, una costante che ha accomunato quasi tutti gli studi condotti sugli effetti di questa tecnica è che come reazione alla rimozione di un numero elevato di germogli, quelli rimanenti tendono a crescere in maniera più attiva riuscendo ad annullare pressoché completamente in termini di superficie fogliare complessiva il divario iniziale. Questo effetto è stato studiato su Barbera allevato a cordone speronato: a fronte di un diradamento dei germogli che ha portato il numero iniziale di 30 germogli a metro al valore supposto ideale di 15 germogli a metro, la reazione vegetativa è stata che a soli 20 giorni di distanza dalla data di esecuzione (7 maggio) la fotosintesi delle chiome diradate fosse già molto simile a quelle su chiome non toccate.

Tabella 3.3 – Influenza della selezione dei germogli sui componenti della produzione, composizione delle uve e rapporto superficie fogliare/produzione determinante nel 2010 su Barbera in confronto ad un controllo non diradato*

Variabile	**Controllo**	**Diradato****
Grappoli/germoglio (n°)	0,99	1,05
Produzione/vite (kg)	3,3	1,86
Grappoli vite (g)	30,7	15,7
Peso grappoli (g)	101	118
Peso acino (g)	2,75	2,81
Solidi solubili (°Bx)	22	26,8
pH	3,05	3,10
Acidità titolatile (g(l)	11,2	9,9
Antociani (mg/g)	0,541	0,906
Polifenoli (mg/g)	1,46	2,11
Superficie fogliare/produzione (m^2/kg)	0,8	1,41

* *Bernizzoni F, Civardi S, Van Zeller M, Gatti M, Poni S. Shoot thinning effects on seasonal whole-canopy photosynthesis and vine performance in Vitis vinifera L. cv. Barbera. 2011. Australian Journal of Grape and Wine Research, 17 (351-357)*

** *Diradamento effettuato il 7 maggio*

Come si evince in Tabella 3.3, la rimozione dei germogli anche fertili ha abbassato la resa di uva a 1,86 kg per vite rispetto a 3,30 kg per vite nel non diradato inducendo un sensibilissimo incremento di grado zuccherino e di accumulo di antociani. L'effetto è indubbiamente nobile ma è anche motivo di riflessione: se infatti in un'era di cambio climatico si ricerca un accumulo zuccherino più graduale e meno intenso, è di tutta evidenza che il diradamento dei germogli può agire in maniera esattamente contraria, ovvero come acceleratore di maturazione.

La spiegazione semplice è in sintonia con una fisiologia consolidata: a fronte di una superficie totale che nelle viti diradate rimane simile a quella formata sui ceppi non diradati, la produzione spesso si riduce a seguito del diradamento e la risultante è che l'indicatore delle condizioni che possono determinare il raggiungimento dalla piena maturazione aumenta, cioè il rapporto tra superficie fogliare e produzione e con essa anche la probabilità di anticipare la maturazione desiderata oppure a parità di data di vendemmia di conferire caratteristiche di prodotto "più maturo".

3.8.8 Sfogliatura[15]

La sfogliatura è una pratica molto diffusa con lo scopo di aumentare l'irraggiamento e l'illuminazione dei grappoli durante la loro maturazione, di migliorare la penetrazione dei trattamenti di difesa e la qualità dei frutti. Il principio di questa tecnica risiede nel fatto che il microclima ideale del grappolo sia quello che garantisce sempre e comunque una moderata schermatura da parte delle foglie circostanti anche se ormai la defogliazione classica, semmai applicata, viene condotta in maniera decisamente più conservativa rispetto ai tempi precedenti. Da questo punto di vista, le foglie da non eliminare sono quelle che coprono direttamente i grappoli che riparano dalla luce diretta, al contrario di quelle più interne che possono impedire o limitare la circolazione dell'aria e la diffusione della luce all'interno della fascia fruttifera, eseguendo un'operazione che potremmo dire svuotamento della zona fruttifera piuttosto che la scopertura dei grappoli.

Gli effetti di quest'operazione sono tangibili in termini di intensità e velocità di maturazione (aumento del grado zucche-

[15] Guidoni S. Sfogliatura della vite e andamenti climatici. 2010. *Vitenda*, XV (84-85).

rino, del colore, della complessità aromatica e minor tenore di acidità) e di contenimento dell'incidenza dei marciumi.

L'impatto del cambiamento climatico, con un aumento significativo di giorni caldi e siccitosi, ha condotto ad una parziale rivisitazione in senso più conservativo della tecnica; la sfogliatura merita attenzione proprio perché può contribuire a migliorare la qualità dell'uva, ma anche provocare conseguenze negative, in particolare, sui vitigni a bacca bianca in cui è importante preservare una quota di acido malico, ma anche su alcuni vitigni a bacca nera in cui la sintesi e la degradazione degli antociani sono penalizzati da fenomeni di surriscaldamento. Perciò questo tipo di tecnica sta diventando una pratica sempre meno consigliata e adottata: è infatti necessario adeguarla alla situazione climatica stagionale, alla specificità del singolo vigneto e agli obiettivi enologici prefissati, modificando la localizzazione, l'intensità degli interventi e le modalità esecutive, intervenendo in modo più drastico in condizioni sfavorevoli e in maniera molto meno intensa (eliminando per esempio solo foglie interne alla chioma), ma anche non intervenendo in situazioni più calde (latitudine, esposizione, annata).

Per il vitigno Nebbiolo, è di particolare rilevanza il fatto che quando i grappoli sono esposti alla radiazione diretta, la loro temperatura tende ad aumentare in modo tanto più rilevante quanto più favorevole è l'esposizione del vigneto, anche 10 °C superiore a quelle di bacche non esposte, il che porta i tessuti degli acini a temperatura ben al di sopra di 35-38 °C e oltre, temperatura limite[16] per numerosi processi metabolici che avvengono all'interno dell'acino, fra cui la sintesi degli antociani,

[16] Si ha maggior accumulo termico a est (effetto minestrone), mentre il picco termico e solare è a ovest (effetto arrosto).

composti che nel Nebbiolo si vorrebbero sempre in concentrazioni maggiori di quelle che normalmente si ottengono. Nelle sperimentazioni, sono state confrontate piante di Nebbiolo sfogliate nella fascia produttiva sul lato sud con piante sfogliate sul lato nord e si è osservato che nel secondo caso, cioè in una situazione di minore esposizione dei grappoli, alla vendemmia, gli acini risultavano avere una massa maggiore (circa il 10% in più), ma soprattutto un contenuto di antociani superiore rispetto alla tesi più esposta (circa il 10% in più); lo stesso si osservava per l'acidità. Questo risultato è stato confermato da altre sperimentazioni che hanno messo in luce un comportamento simile in grappoli maturati sotto reti ombreggianti.

L'innalzamento eccessivo della temperatura delle bacche può inoltre causare danni di vere e proprie bruciature che si manifestano con disidratazione e disseccamento degli acini e che determinano nei casi più gravi danni qualitativi e quantitativi rilevanti. In vigneti dove è presente una buona vigoria e gli interventi sulla chioma sono svolti meccanicamente, l'obiettivo prioritario è di separare nettamente la fascia dei grappoli dalla chioma.

In Australia sono state messe a confronto 3 tesi su Chardonnay costituite da un controllo non defogliato, da una defogliazione relativamente precoce a inizio allegagione e da una mediamente tardiva - inizio invaiatura; in entrambi i casi sono state rimosse le foglie principali e le femminelle presenti nei primi 45 centimetri dei germogli a partire dalla base.

La defogliazione precoce è la prova che ha misurato una significativa riduzione della quota di scottature sui grappoli.

Dall'analisi dei composti aventi azione di foto-protezione (flavonoidi, carotenoidi e clorofille), è parso evidente che tutte queste molecole sono particolarmente ricettive all'effetto luminoso nelle prime fasi di sviluppo dell'acino, e infatti la loro concentrazione è rapidamente aumentata dopo la prima defogliazione. Questa risposta è probabilmente alla base della maggior tolleranza alle scottature rilevata nella defogliazione più precoce; a partire dall'invaiatura, gli acini perdono buona parte della capacità di sintetizzare questi componenti e pertanto, se la defogliazione effettuata in questa fase o anche oltre, gli acini diventano molto più sensibili al danno da scottatura per un difetto di acclimatamento.

3.8.9 Sfogliatura precoce

La sfogliatura in pre-fioritura parte da un concetto noto da tempo, ovvero che il numero di fiori di vite che evolve in frutto con l'allegagione è in funzione dei carboidrati disponibili poco prima della fioritura.

Logica conseguenza di una sfogliatura precoce sono grappoli meno compatti e quindi meno suscettibili ai marciumi: anche la percentuale di foglie eliminate ha la propria importanza poiché se è abbondante può modificare in modo rilevante la migrazione degli elaborati, indirizza la diminuzione della compattezza e ingrossamento della bacca.

Diversi lavori condotti su molteplici vitigni e condizioni ambientali hanno dimostrato che la rimozione in pre-fioritura delle prime 6-8 foglie basali presenti sui germogli principali (lasciando eventuali femminelle già sviluppate) determina una significativa riduzione della quota di allegagione. Un altro studio condotto da Agroscope ha evidenziato come una sfogliatura precoce (praticata nella fase dei bottoni fiorali separati) e intensa (100% della zona fruttifera con l'eliminazione di sei foglie inclusi i germogli laterali) porta sistematicamente a un calo produttivo, che può raggiungere il 40% indipendente dall'annata e dalle varietà[17].

Sebbene un rendimento inferiore possa contribuire a ridurre la vendemmia verde, la sfogliatura precoce deve essere praticata con attenzione e moderazione al fine di evitare un eccessivo calo di rendimento.

Questa tecnica favorisce anche un miglioramento della maturazione, soprattutto in termini di composti fenolici e aromatici, ma anche di gradazioni zuccherine. Per quanto riguarda l'acidità totale, quasi mai è stato rilevato un decremento significativo rispetto alle viti non defogliate. Inoltre, la sfogliatura precoce offre il vantaggio di una notevole riduzione del rischio di ustione degli acini; anche la struttura del grappolo risulta diversa con un numero di acini con buccia più spessa, più resistenti e il suo rapporto con la polpa risultante influisce sulla composizione del mosto al momento della vendemmia.

La spiegazione fisiologica di questo stimolo alla maturazione sembra semplice: se da un lato è vero che l'operazione rimuove inizialmente foglie molto attive, causa anche un marcato decremento di resa; dall'altro lato, il bilancio finale di questa variazione fa sì che, paradossalmente, dall'invaiatura in poi i germogli sfogliati abbiano a disposizione una quantità di superficie fogliare per unità di prodotto pendente maggiore di quelle ad appannaggio di germogli non sottoposti a defogliazione.

La tecnica ha queste caratteristiche:

[17] Verdenal T, Zufferey V, Dienes-Nagy A, Bourdin G, Gindro K, Spring J-L. Sfogliatura della vite prima o dopo l'allegagione: conseguenze fisiologiche e fattori qualitativi. 2019. *IVES Technical Reviews,* 1-2.

- va applicata solo in caso di oggettiva elevata produzione di uva per ettaro e di grappoli molto grossi e compatti;
- è potenzialmente meccanizzabile, utilizzando preferibilmente, quando i fiori sono ancora chiusi, una macchina getto d'aria ad alta pressione;
- rispetto a defogliazioni più tardive rende gli acini meno suscettibili alle scottature poiché concede più tempo agli stessi di adattarsi progressivamente ad un regime termico via via più limitante.

Il calo di fotosintesi connesso alla rimozione fogliare può essere parzialmente compensato dalla nuova esposizione alla luce di foglie prima ombreggiate. Inoltre, le piante provvederanno quindi a integrare la vegetazione con nuove foglie e femminelle nella parte più alta della spalliera.

L'esposizione degli acini alla radiazione luminosa fin dalle prime fasi del loro sviluppo consente inoltre una maggiore produzione di cere epicuticolari, la cui sintesi è indotta dalla luce, le quali potrebbero ridurre la sensibilità dei frutti alle temperature.

Se praticata dopo l'allegagione, la sfogliatura non influisce sul rendimento del raccolto e praticamente non altera la composizione del mosto. Non è consigliabile eseguirla dopo l'invaiatura, onde evitare il rallentamento della maturazione e preservare gli acini dalle ustioni causate dal sole.

Inoltre la sfogliatura crea una forte competizione tra gli organi vegetativi e gli organi riproduttivi: dovendo attingere alle proprie riserve, le viti potrebbero perdere vigore e fertilità nel lungo periodo; pertanto non è consigliabile praticare una sfogliatura intensa su viti molto giovani o poco vigorose.

In ambienti caldo-aridi la defogliazione diminuisce anche

l'acidità titolabile; è stato quindi impostato uno studio sugli effetti della defogliazione applicata sempre in pre-fioritura in modo asimmetrico alla chioma, per verificarne gli effetti sull'uva alla raccolta[18].

La tesi di prova è stata una defogliazione asimmetrica in cui è stata prevista la rimozione in pre-fioritura delle foglie basali presenti nei primi 30 cm dei germogli solo sul lato nord della parete fogliare.

Alla raccolta, il trattamento ha determinato la riduzione della percentuale di allegagione con un conseguente minor numero di acini per grappolo, ma la defogliazione effettuata in questo modo, differentemente da quella lineare, non ha influenzato la compattezza del grappolo (dimensione acino e lunghezza rachide), per di più senza determinare la riduzione dell'acidità titolabile finale. Inoltre questo metodo anche per le annate piovose o umide permette di garantire una maggior sanità dai marciumi.

3.8.10 Sfogliatura alta tardiva

Nasce sotto la pressione delle esigenze di avere a disposizione nuove tecniche colturali che siano in grado di decomprimere la maturazione, consentendo di estendere le sue fasi finali in periodi auspicabilmente più freschi.

La necessità è quella di rallentare la maturazione attraverso una riduzione del rapporto tra superficie fogliare e produzione. I vini prodotti con uve maturate troppo rapidamente

[18] Scognamiglio P, Mataffo A, Teobaldelli M, Dente A, Basile B. Più acidità defogliando il lato meno esposto della vite. 2019. *L'Informatore Agrario,* 17-18.

presentano infatti gravi inconvenienti quali: eccessiva perdita di colore e scarsa polimerizzazione dei tannini, sapore amaro e forti note vegetali, con conseguente elevata estraibilità delle pro-antocianidine dai vinaccioli, quadro aromatico particolarmente povero e inespresso.

Il primo studio biennale condotto con questa tecnica su Sangiovese ha dimostrato già la sua efficacia: le viti defogliate raggiunsero la stessa gradazione zuccherina di quelle di controllo con due settimane di ritardo; risultati simili sono stati poi ottenuti su Montepulciano e Barbera.

L'eliminazione del 35% della superficie fogliare comporta una riduzione degli zuccheri nel mosto di ben 1,2 °Bx e di 0,6% di alcol nei vini, senza penalizzare gli altri parametri compositivi sia dell'uva sia dei vini; consente di ritardare la vendemmia fino a due settimane e pertanto può essere adatta per ampliare il periodo utile di vendemmia in specifici appezzamenti. Defo-

Tabella 3.4 – Parametri del mosto da uve defogliate e non**

Parametro	Controllo	Defogliato	*t*-test
Grappolo per vite	10,1 a	11,0 a	ns
Resa (kg/vite)	3,11 a	3,40 a	ns
Peso medio grappolo (g)	315 a	305 a	ns
Peso medio acino (g)	2,58 a	2,51 a	ns
Solidi solubili totali (°Bx)	23,3 b	22,2 a	*
Acidità totale (g/l)	6,2 a	6,0 a	ns
pH mosto	3,41 a	3,39 a	ns
Antociani (mg/cm^2 di buccia)	0,339 a	0,349 a	ns
Fenoli totali (mg/cm^2 di buccia)	0,57 a	0,55 a	ns
YAN (mg/l)	61 a	67 a	ns
Foglia/resa (m^2/kg)	1,89 b	1,11 a	*
Antociani/zuccheri (mg/cm^2/°Bx)	14,5	15,77 (+8%)	

** *Gatti M. Stress multipli estivi: impatto su produzione e qualità dell'uva. Op. cit.*

gliazioni più timide o più tardive rischiano di non conseguire l'effetto desiderato.

Nel 2021 abbiamo svolto una prova in Piemonte (Rivalta Bormida – AL) su varietà Barbera di sfogliatura tardiva della zona alta. Nella prova di sfogliatura (S), è stata effettuata meccanicamente su 2 lati una sfogliatura alta il 12/8/2021 al raggiungimento dei 12-13° Bx, ad un'altezza a cavallo circa della seconda coppia di fili dove l'invaiatura si presentava mediamente attorno al 30-50%.

Come da attese si è registrato un ritardo nell'accumulo zuccherino e un livello leggermente più alto di acidità, rispetto alla gestione aziendale non sfogliata (NS); abbiamo stabilito così di ritardare la vendemmia nella prova S, per attendere che

Tabella 3.5 – Differenze tra i parametri analitici nelle uve e nei vini prodotti dai filari sfogliati e non

Sfogliatura - S							
data	**alcool complessivo**	**zuccheri (g/l)**	**Ac. tot.**	**pH**	**Ac. malico**	**Ac. tartarico**	**Note**
3/9/2021	/	217,00	11,83	2,79	4,40	9,80	uva
10/9/2021	/	229,00	10,73	2,99	3,80	9,40	uva
18/9/2021	/	252,00	9,32	3,09	2,80	8,40	uva
20/10/2021	15,22	/	/	/	/	/	fine ferment.
Non sfogliato aziendale NS							
data	**alcool complessivo**	**zuccheri (g/l)**	**Ac. tot.**	**pH**	**Ac. malico**	**Ac. tartarico**	**Note**
3/9/2021	/	232,00	11,63	2,82	4,60	9,60	uva
10/9/2021	/	249,00	10,03	3,04	3,40	9,20	uva
18/9/2021	/	277,00	8,93	3,10	2,60	8,20	uva
13/10/2021	16,23	/	/	/	/	/	fine ferment.

diminuisse il valore di acidità totale e avere una maturazione tecnologica più equilibrata.

Le analisi effettuate sui mosti a fine fermentazione hanno evidenziato un maggior contenuto alcolico nella prova aziendale NS rispetto al S di circa 1% vol; inoltre per la porzione di vigneto aziendale S ci sono state grosse difficoltà per fare la fermentazione malolattica. Nella prova S l'acidità totale risulta più bassa e il pH più alto rispetto alla tesi NS (Tabella 3.5).

3.9 La chioma e i metaboliti[19]

Alcuni metaboliti rispondono non tanto all'efficienza della parete intera, ma più a quello che succede nella zona dei grappoli particolarmente sensibili alla temperatura, alla luce e alla ventilazione. Aumentando il rapporto foglie/uva si ottiene un aumento di polifenoli dei vini fino ad una certa soglia, oltre la quale non è utile aumentare l'indice.

Grazie all'efficienza della parete tra i composti secondari prodotti con la maturazione dell'uva, all'interno dell'acino troviamo il glutatione, i derivati del metabolismo azotato e precursori dei composti aromatici, precursori del colore; inoltre per garantire una buona e regolare maturazione dell'uva da vino, l'obiettivo medio da raggiungere è un rapporto SFE-uva di 1,4 - 1,8 m^2/kg e per vini strutturati 1,5 m^2/kg. È sempre da tenere conto anche dello spessore della chioma, come il disordine perché 4-5 strati di foglie non vanno bene poiché le foglie interne diventano chiare e gialle e non sono più efficienti per la captazione luminosa (ideale su 2-3 strati di foglie).

[19] Bigot G, Poni S. Indice Bigot - dalla ricerca al vigneto. Op. cit.

3.10 Gestione del carico produttivo delle uve

Pur essendovi un'evidente connessione tra la superficie fogliare fotosintetizzante e le potenzialità produttive, è sbagliato tradurre questo in una rigida relazione numerica, senza considerare l'influenza dell'ambiente di coltivazione e l'obiettivo enologico. Come è errata l'equazione "ridotto carico di uva = incremento della qualità", altrettanto errato considerare che basti il benessere vegetativo affinché la pianta mantenga livelli qualitativi elevati e in misura costante; il tutto potrebbe ricondursi ad una curva che pone in relazione quantità e qualità.

Non è l'incidenza in assoluto del numero di grappoli che influisce sulla qualità, bensì la loro eterogeneità; elevando il carico produttivo, aumenta percentualmente il numero dei grappoli collocati nelle posizioni più sfavorevoli della spalliera e di conseguenza si riduce l'incidenza dei grappoli meglio formati e di maturazione contemporanea.

Essendo la qualità finale derivata dalla mescolanza di grappoli con maturazione differenti, la media tra tutti i caratteri non rappresenta ovviamente l'esaltazione della massima qualità potenziale. Il diradamento dei grappoli inteso come selezione per la maggiore omogeneità, diviene pertanto quanto mai opportuno. La scelta di procedere con tale operazione dovrebbe essere sempre ispirata dalla fisiologia: quando sussiste un'oggettiva condizione di eccesso produttivo rispetto alla superficie fogliare disponibile, l'effetto del diradamento dei grappoli non potrà che essere quello di innalzare la qualità attesa con innegabili vantaggi per le uve vendemmiate; decisamente più subdolo, ma tutt'altro che infrequente, quando l'equilibrio iniziale delle viti è già accettabile e si procede ugualmente al diradamento dei grappoli, l'incremento qualitativo rischia di essere davvero modesto rendendo l'intervento poco sostenibile.

Tuttavia, in un quadro di cambio climatico che pone in risalto cinetiche di accumulo spesso accelerate con forte disaccoppiamento tra maturazione tecnologica e fenolica, la scelta di procedere all'asportazione di una quota dei grappoli dovrebbe essere ponderata con grande attenzione e riferita a modelli fisiologici che tengono in considerazione il rapporto tra la chioma (superficie fogliare) e la produzione.

Molte sperimentazioni riguardanti numerose cultivar in ambienti diversi sono concordi nell'affermare che è possibile raggiungere livelli qualitativi più elevati quando la superficie fogliare è efficiente, vale a dire quando una pianta è ben esposta e sana, per cui la produzione d'uva si aggira intorno a un rapporto di 1-2 m^2 di superficie fogliare per chilogrammo di produzione.

Il diradamento dei grappoli ha un indubbio impatto nel modificare, anche di molto, il rapporto fra la vegetazione e la produzione di una pianta, incidendo direttamente sul denominatore della frazione: in linea teorica, diminuendo il numero degli organi consumatori (sink) dovrebbe aumentare la quantità di zucchero destinata ai frutti rimasti; in realtà non basta ridurre la produzione per incrementare il contenuto dei soluti nel mosto perché, in seguito alla modificazione dell'equilibrio, la pianta mette in atto meccanismi di adattamento alla nuova condizione che possono portare a risultati anche molto diversi da quelli ipotizzati.

Il fine del diradamento dovrebbe dunque essere quello di equilibrare l'attività vegetativa della pianta con quella produttiva, in modo che nessuna delle due risulti preponderante sull'altra.

La sostenibilità economica dell'operazione dipende in prima istanza dal valore aggiunto che, in termini qualitativi, acquisisce una quota del prodotto.

In linea generale, ricerche condotte su diverse zone viticole e su numerosi vitigni indicano che con il diradamento è possibile indurre:

- aumento del peso del grappolo e delle dimensioni degli acini, ma solo per alcuni vitigni e in particolari situazioni ambientali: in caso di diradamento precoce, i grappoli tendono ad incrementare la dimensione degli acini per compensare la riduzione di numero, che, in parte, fa sì che il decremento di resa finale sia meno che proporzionale all'intensità del diradamento applicato; al contrario, esperienze di diradamento in epoche più avanzate, 15-20 giorni prima dell'invaiatura, effettuate su Nebbiolo in diverse località del Piemonte e per alcune stagioni consecutive, non hanno mostrato incrementi nella dimensione dell'acino, anzi spesso si sono osservare riduzioni;
- aumento del tenore zuccherino, anche se non proporzionale all'entità del diradamento effettuato; ipotizzare però che il diradamento possa condurre in maniera automatica ad un incremento qualitativo pare essere ormai poco prudente;
- generale diminuzione dell'acidità titolabile, ma se il diradamento provoca una maggior vigoria vegetativa, l'acidità si mantiene sugli stessi livelli raggiunti in piante testimoni con un leggero incremento del pH a causa del maggiore ombreggiamento dei grappoli;
- aumento del contenuto di antociani e di altre sostanze fenoliche, probabile aumento dell'estraibilità degli antociani e diminuzione del contenuto dei tannini dei vinaccioli;

- anticipo della maturazione;
- miglioramento generale organolettico del vino, che risulta preferito durante le sedute di degustazione comparative.

3.10.1 Contenimento della produzione

La diminuzione della produttività può essere raggiunta sia riducendo la carica di gemme con la potatura invernale, sia attraverso il diradamento estivo dei grappoli: le due tecniche non sono del tutto equivalenti e ciascuna di esse presenta vantaggi e svantaggi anche di tipo pratico.

3.10.2 Il diradamento delle uve

Il diradamento estivo invece è un intervento più facilmente regolabile e permette anche una migliore distribuzione dei grappoli nello spazio lineare; l'intervento di diradamento modifica l'equilibrio tra superficie fogliare e produzione della pianta e questo può indurre adeguamenti da parte della pianta stessa che possono in parte modificare i risultati attesi.

Il periodo ottimale di intervento è quello di inizio invaiatura: fatto precocemente, concede ai grappoli che permangono sulla pianta un periodo di tempo più lungo per una compensazione che spesso si manifesta anche con la produzione di acini più grossi, che aumentano la compattezza del grappolo; inoltre, un diradamento dei grappoli precoce può influenzare, con effetto stimolante, l'attività vegetativa che può risultare particolarmente intensa e prolungata[20].

Differentemente, un diradamento tardivo estrinseca i suoi effetti per un periodo di breve durata e può sortire solo modeste ripercussioni sulla qualità finale.

Sul Nebbiolo, il diradamento risulta come una pratica che consente di equilibrare la produzione delle piante, ma non è sufficiente a garantire un'elevata qualità dell'uva sempre e dovunque; la sfogliatura ha effetti benefici sulla sanità dell'uva, ma è da gestire attentamente perché, come già visto, un'eccessiva esposizione dei grappoli può persino determinare una diminuzione dei composti coloranti delle uve.

Prima del diradamento, si possono presentare diverse situazioni:

- la pianta è in equilibrio vegeto-produttivo: il diradamento ridurrà la carica produttiva sbilanciando il valore del rapporto verso l'alto e in pratica si avrà una superficie fogliare più abbondante del necessario; questa condizione può indurre una diminuzione dell'attività fotosintetica delle foglie a causa di una minor richiesta di fotosintati da parte dei frutti con conseguente aumento della massa verde;
- la pianta non è in equilibrio o per eccesso di vegetazione o per eccesso di produzione: nel caso di eccesso di vegetazione, il diradamento determinerà un ulteriore incremento dello squilibrio a favore dell'attività vegetativa, con conseguente rallentamento delle fasi di accumulo dei solidi e quindi della maturazione sia dei frutti sia del legno; nel caso di eccesso di produzione, il diradamento riequilibra la pianta, inducendo

[20] Palliotti A, Poni S, Silvestroni O. La nuova viticoltura. Innovazioni tecniche per modelli produttivi efficienti e sostenibili. 2015. *Edagricole,* 136-141.

un miglioramento dell'efficienza fotosintetica, con un conseguente aumento dell'accumulo dei soluti nei frutti nonché accelerazione del processo di maturazione.

Anche l'epoca in cui viene effettuato il diradamento può avere effetti differenti: se effettuato nelle fasi comprese tra post-fioritura e la pre-chiusura del grappolo, quando gli apici vegetativi sono ancora in forte accrescimento e lo sviluppo dei germogli è ancora rilevante, il diradamento determina uno sbilanciamento dell'equilibrio verso l'attività vegetativa che, come abbiamo già rilevato, potrebbe determinare l'aumento della dimensione degli acini (anche se non confermato su tutte le varietà): questo aspetto può avere conseguenze negative per il minor rapporto bucce/polpa, sia per la sanità del frutto, soprattutto in cultivar con grappoli compatti a causa dell'ulteriore incremento della compattezza indotto dalla maggior dimensione degli acini.

Nel caso di interventi effettuati in momenti in cui l'attività vegetativa della pianta sia cessata, non si avranno le conseguenze svantaggiose viste prima. Questa fase di interruzione dell'attività vegetativa può avvenire più o meno precocemente in funzione dell'andamento climatico stagionale, diciamo che in linea generale può considerarsi conclusa intorno alla invaiatura.

Interventi troppo tardivi (molto oltre la fase di invaiatura) non determinano miglioramenti della composizione della bacca e sottraggono alla pianta una notevole quantità di risorse già abbondantemente accumulate nei frutti asportati; a titolo di esempio si riporta al caso del Nebbiolo, che nei 30 giorni successivi all'invaiatura accumula almeno l'80% degli zuccheri e il 75% degli antociani totali!

Escludendo dunque interventi troppo precoci o troppo tardivi, una volta stabilita l'opportunità di eseguire il diradamento, la scelta del momento dell'intervento può quindi spaziare da un paio di settimane prima dell'invaiatura fino alla conclusione della stessa. L'intervento precoce permette di operare in un periodo più favorevole dal punto di vista organizzativo e riduce il carico produttivo in una fase in cui nei frutti non sono ancora state accumulate grande quantità di fotosintati; per contro, la produzione residua potrebbe rischiare un altro diradamento dovuto agli eventi meteorici (grandine).

Le ragioni per cui si tende ad operare dopo l'invaiatura sono invece una maggiore facilità di stimare la produzione, di individuare grappoli con evidenti ritardi di maturazione e quindi da eliminare.

Se si tiene conto che con il diradamento sono principalmente eliminati i grappoli nei mucchi, ossia quelli addossati gli uni agli altri che avrebbero in ogni caso difficoltà di maturare poiché molto ombreggiati da altri grappoli, o quelli malformati, o inscriti su germogli poco vigorosi o piatti, e che questi grappoli sono già identificabili ben prima che cambino colore, cessa il motivo principale che porta ad attendere il momento dell'invaiatura per iniziare le operazioni. Sfoltire i mucchi con un passaggio più precoce permette anche la miglior penetrazione della luce e dell'aria nelle parti interne della fascia produttiva.

Per quanto riguarda l'andamento climatico, la stagione della maturazione può avere un decorso più o meno favorevole in relazione alla disponibilità idrica, luminosa e di energia termica. In generale, un decorso stagionale poco favorevole alla maturazione potrà richiedere diradamenti più intensi, mentre in stagioni in cui non si siano verificate condizioni limitanti, l'entità di questo intervento potrà essere molto inferiore o si potrà valutare l'ipotesi di non farlo.

Ricordiamo che tra i fattori limitanti non ci sono solo le basse temperature o l'eccesso di piovosità che possono portare a notevoli rallentamenti della maturazione del livello di concentrazione dei soluti nelle bacche, ma anche l'eccesso di temperatura e l'estrema carenza idrica possono limitare l'attività fotosintetica della pianta e ridurne lo sviluppo.

Per effettuare il diradamento, è necessario valutare il numero di grappoli finali, che vengono calcolati in base al peso medio e alla presenza sui singoli germogli; si eliminano poi quelli in eccesso nel seguente modo:

- si definisce il numero medio di grappoli per capo a frutto o come misura media per ogni singolo germoglio;
- procedendo con ordine selettivo per livello di importanza, si eliminano i grappoli in eccesso:
    * con evidenti segni di infezioni e danneggiamenti vari;
    * con evidenti ritardi di maturazione;
    * esili, malformati e con il rachide troppo lungo;
    * posti più in alto poiché di maturazione più tardiva;
    * in eccesso su ogni germoglio, lasciando quelli più esterni.

Avendo operato con il calcolo della quantità, già orientato alla qualità, è opportuno considerare l'esigenza di un'ulteriore riduzione volta al conseguimento del maggior livello di qualità. In questo caso, l'obiettivo principale è di rendere omogeneo il livello di sanità e di maturazione; viene effettuata al momento dell'invaiatura. Durante questa operazione, vengono eliminati i grappoli:

- visibilmente meno colorati e con colorazione molto difforme nell'ambito dell'infruttescenza;
- con evidente acinellatura verde;
- presenti su viti in condizioni di alterazioni fisiologiche, come gli stress idrici e le carenze nutritive;
- presenti su piante che evidenziano arresti vegetativi anticipati e riduzione di vigoria;
- alterati da agenti esterni, quali lesioni, ustioni e parassiti;
- con elevata eterogeneità di dimensione tra gli acini.

Un ulteriore diradamento dei grappoli ha come obiettivo principale quello di preparare la fascia produttiva alle operazioni di raccolta; non deve avvenire con troppo anticipo, poiché eventi climatici particolari potrebbero influire anche sull'ultimo periodo. Il lavoro deve essere eseguito con particolare cura, avvalendosi di apposite forbici da vendemmia e cercando di manipolare i grappoli il meno possibile. Si procede con l'eliminazione di grappoli:

- con segni di marciumi tardivi;
- non pienamente maturi;
- con disseccamenti tardivi dei racimoli o parti terminali del grappolo;
- danneggiati ad opera del sole.

Si rimuove anche nuova vegetazione nella fascia dei grappoli, per cui a lavoro ultimato saranno presenti solo i grappoli oggetto di raccolta senza più foglie e/o femminelle.

3.10.3 Potatura dei racimoli

La potatura dei racimoli si opera dopo la fase di mignolatura, con un diradamento uniforme sulla lunghezza del rachide: il grappolo, essendo divenuto spargolo, avrà un unico rachide che alimenterà un numero inferiore di acini, con una maturazione anticipata degli acidi e assai più uniforme.

3.10.4 Potature delle punte dei grappoli

Queste parti possono essere oggetto di ritardi di maturazione; se i grappoli si presentano allungati, con le parti terminali morfologicamente evidenti, queste possono essere soppresse.

La riduzione quantitativa è molto limitata, se non ininfluente, e le attese sono di qualità superiori in quanto si tolgono parti sicuramente meno mature che non apporterebbero vantaggi alla massa raccolta. Inoltre in queste situazioni è frequente il manifestarsi di disseccamento del rachide, arresto di maturazione e altre fisiopatie.

3.10.5 Diradamento e spuntatura: il Nebbiolo[21]

Sempre sulla logica della ricerca della qualità per le condizioni climatiche e ambientali del Nebbiolo, sono state impostate delle prove sul diradamento e la spuntatura dei grappoli, in condizioni già favorevoli alla qualità del prodotto.

Durante le prove, gli interventi di asportazione hanno mirato alla riduzione del 25% della produzione interessando:

---

[21] Morando A, Gerbi V, Minati L, Nobello V, Eynard I, Arnulfo C, Taretto E, Minetti G. Confronto tra interventi di diradamento e spuntatura dei grappoli all'allegazione e all'invaiatura. 1991. *VigneVini,* 7-8 (43-50).

- grappoli eccedenti uno per tralcio: il Nebbiolo presenta una fertilità tendenzialmente bassa[22] (di poco superiore ad uno) e solitamente male distribuita, cioè con alcuni tralci sterili e altri con due grappoli (eccezionalmente anche tre);
- grappoli non ben conformati e mal disposti, evidentemente meno favoriti per il raggiungimento della maturazione ottimale: per questa prova la scelta è stata ovviamente nella fase dell'invaiatura;
- le punte dei grappoli: l'obiettivo era quello di eliminare la parte con maggior difficoltà di maturazione;
- gli interventi a carico dei grappoli sono stati effettuati in due epoche differenti: allegagione avanzata e invaiatura tra il 40 e il 60%, con le seguenti indicazioni per i 2 passaggi:
  * 1 grappolo a tralcio: primo passaggio in allegagione lasciando un solo grappolo per tralcio (il più vicino alla base dei germogli);
  * il secondo passaggio all'invaiatura, effettuando la medesima scelta anche se il Nebbiolo ha già normalmente un solo grappolo per tralcio;
- asportazione grappoli brutti: nel primo passaggio in allegagione sono stati asportati i grappoli mal posizionati, più piccoli, posti sui tralci appiattiti, ecc.; al secondo passaggio in invaiatura è stato possibile utilizzare come fattore discriminante anche il ritardo della stessa fase fenologica dell'invaiatura;
- taglio punte: all'allegagione, queste tesi sono state introdotte tenendo conto di un inconveniente che si può vedere nel Nebbiolo: il ritardo di maturazione delle punte dei grappoli. È stato utilizzato lo stesso metodo all'invaiatura, ma con

[22] Il Nebbiolo ha una bassa fertilità delle gemme basali ed è quindi suscettibile alla regolazione della resa con la potatura invernale.

maggiore difficoltà a causa dello sviluppo degli acini; quest'operazione, oltre che essere molto onerosa, pone il rischio di lesione dei racimoli terminali a seguito della spuntatura tardiva

Il diradamento ha comportato la riduzione di produzione abbastanza vicina al 25% previsto, in quanto solo l'asportazione delle punte all'allegagione ha consentito un forte recupero delle parti restanti del grappolo, incrementandone il peso rispetto agli interventi di invaiatura.

Aggiungerei il fatto che comunque, anche l'attività precoce di diradamento, non ha aumentato significativamente il peso finale della produzione di Nebbiolo. Soltanto la spuntatura precoce consente un incremento nella massa dei singoli acini che rende meno evidente la riduzione del raccolto.

I grappoli rimasti hanno avuto un leggero incremento di peso e un lieve ma significativo incremento del tenore zuccherino, c'è stata riduzione anche dell'acidità ma senza raggiungere livelli probanti; da segnalare inoltre che in ogni caso le tesi diradate presentano costantemente valore di estratto sempre superiore al testimone non diradato, lo stesso vale a dirsi anche per il contenuto costante in polifenoli totali.

Con il diradamento eseguito all'invaiatura, parrebbe che si ottenga un'acidità del mosto che tende essere più bassa, con un innalzamento del pH: dalle prove emerse a suo tempo su Nebbiolo, l'innalzamento del pH a seguito del diradamento tardivo è l'aspetto più delicato in quanto la minor concentrazione idrogenionica del vino appare essere più relazionata alla salificazione dell'acido tartarico che alla differenza nel contenuto dei principali acidi organici. Riveste comunque notevole importanza il fattore genetico della varietà.

3.11 Modello VignaVeritas per gestione della parete verde del Guyot

Nella gestione della chioma delle piante in produzione nel sistema Guyot, abbiamo lavorato per individuare nel tempo le principali linee guida da fornire alle maestranze:

- primo - secondo passaggio, scelta germogli:
  - usare sempre le forbici;
  - individuare e selezionare i germogli necessari alla prossima potatura secca;
  - eliminare tutti i germogli usciti dal vecchio, sul piede e sul tronco, fino all'altezza della testa; passare le mani lungo tutto il tronco, anche dove non si vedono germogli, per togliere anche quelli appena usciti;
  - sul capo a frutto solitamente eliminare i doppi germogli, rimuovendo quello senza uva e più magro e il germoglio nella curva del capo a frutto;
  - eliminare almeno le prime 2-3 foglie basali grandi sui germogli più lunghi e vigorosi del capo a frutto (nella vigna protetta dalla rete antigrandine si eliminano almeno 3 foglie basali grandi); per le vigne a medio-alta vigoria (vigneti e piante vigorose, in posizioni fresche, fertili e con alta vigoria) eliminare fino a 3-4 foglie del singolo germoglio sotto il primo grappolo; per le vigne a bassa vigoria (vigneti e piante a bassa vigoria, in posizioni aride, poco fertili e con bassa vigoria) non eliminare foglie;

- specifiche indicazioni per programmare la prossima potatura secca nel Guyot:
  - si verifica la posizione dello sperone: nel caso di posi-

zione corretta dello stesso, si eliminano tutti i germogli sul legno vecchio; in caso contrario, si lascia un nuovo germoglio in posizione corretta (per esempio non troppo basso e non troppo alto sulla pianta: quando la testa della vite lo permette, a circa 20-25 centimetri dal filo di banchina e non direzionato verso il filare); inoltre si potranno eliminare i germogli sullo sperone sbagliato (valutare se mantenerlo per la produzione dell'anno);
   * sullo sperone esistente lasciare al massimo due germogli ed eliminare quelli in eccesso, compresi i doppi;
   * se non ho sperone sul lato corretto della pianta lasciare un eventuale germoglio sui flussi laterali ed esterni per il posizionamento di un nuovo sperone, possibilmente a 20-25 centimetri dal filo di banchina;
- secondo - terzo passaggio, gestione della chioma: intervenire con una corretta palizzatura della vegetazione mettendo i germogli in rigorosa verticalità, anche con l'ausilio della chiusura dei doppi fili e delle molle (considerando la posa di uno o più fermagli tra i fili dell'impalcatura); con tale operazione si provvede a distribuire con maggiore uniformità possibile la densità della vegetazione;
- gestione della parete verde - cimatura: dove necessario completare il diradamento della vegetazione agendo differentemente sulle singole vigne:
   * pulizia fascia grappoli per i vigneti meno esposti, con buona vigoria o posti in zone fresche: se necessario completare l'eliminazione delle 2-3 foglie basali, tagliare le femminelle al di sotto delle uve, mentre quelle a livello o sopra al grappolo vengono impalcate (si taglieranno con il passaggio della cimatrice);
   * pulizia fascia grappoli per i vigneti più esposti, con bassa

vigoria o posti in zone magre: non si tolgono foglie;
* iniziare con la cimatura ove i germogli palizzati superano l'ultima coppia di fili;
* allargare i fili doppi della prima coppia usati per la palizzatura, togliendo anche il gancetto utilizzato per tenere assieme i doppi fili, liberando i grappoli (sgarbugliare-sgrappolare e "appendere" i grappoli), il gancetto può essere recuperato per essere inserito all'ultima coppia di fili;

- quarto - quinto passaggio gestione del verde (luglio): dove necessario (zone basse, zone meno esposte, filari vigorosi) completare il diradamento della vegetazione dal lato meno esposto senza scoprire eccessivamente le uve (in particolare la fascia vegetativa sopra i grappoli); modulare il lavoro di gestione del verde e la cimatura[23] a seconda dei vigneti e delle singole esposizioni, da farsi anche solo lateralmente; lavoro generale da completare:
  * pulire il piede e il fusto della pianta;
  * monitorare il lavoro effettuato per verificare la qualità di quello fatto ed eventuali scottature sui grappoli;
  * in generale, fare pulizia della vegetazione in particolare sulle testate.

3.12 Ripensare l'architettura della pianta

[23] La cimatura può essere completata solo su un lato del filare per far crescere la parete esposta al sole, con scopo protettivo; però ogni volta che si cima, in particolare in fase di maturazione, la pianta stimola l'attività vegetativa e riduce la maturazione del frutto; in questi casi l'arrotolamento sulla cima non disturba i tempi di maturazione.

Negli anni la parete vegetativa si è mediamente ridotta dovuta agli stress termici e idrici, con maggior luce che arriva sulla pianta; a tal proposito sarebbe utile una parete con un cono vegetativo verso l'alto e i grappoli protetti dalla parte alta della chioma.

Nelle zone calde, normalmente al centro-sud, tendono a non cimare anche per proteggere le uve dal sole e dalle alte temperature; addirittura in altre zone mettono la vite nelle conche che striscia a raggiera nel suo interno, in modo da tutelare la produzione dal caldo.

Ci vogliono pareti fogliari larghe ed ampie, ci deve essere ombra, la bacca non si deve vedere perché altrimenti si prende tutti i 40°C e più[24]; tanto è vero che il Montepulciano d'Abruzzo fornisce maggiore intensità coloranti sulle forme orizzontali rispetto alle forme a controspalliera data la copertura dell'uva nelle forme orizzontali.

Ci vuole una nuova gestione della chioma più che nuove forme di allevamento, non tutto deve essere incasellato nei fili.

[24] Andando a demolire il quadro acido e a modificare il quadro aromatico.

CAPITOLO QUATTRO

Maturazione delle uve e aromi

4.1 Composti aromatici[1]

I composti aromatici conferiscono odori e gusti al vino e si distinguono in aromi primari o varietali già presenti nell'acino d'uva, aromi secondari che si formano durante la fermentazione, e aromi terziari o post fermentativi che si sviluppano invece durante le fasi di affinamento e di invecchiamento dei vini.

L'ecosistema (vitigno, clima, terreno) e le tecniche colturali possono modificare l'entità degli aromi (Tabella 4.1); ad esempio la temperatura (correlata a fattori come latitudine, altitudine, ecc.) ha un'influenza notevole sulla sintesi e sulla distruzione degli aromi: un'elevata temperatura aumenta la sintesi degli aromi, ma aumenta anche la velocità di distruzione. Invece l'escursione termica favorisce la biosintesi degli aromi, in particolare di quelli primari come i monoterpeni (quelli legati alle note floreali e agrumate), per cui bisognerebbe anche tenere conto dei dislivelli tra le parti alte e basse dei vigneti.

---

[1] D'Onofrio C. L'origine viticola degli aromi del vino. 2021. *4Grapes*, https://www.facebook.com/4grapes.it/videos/427713948657512.

Tabella 4.1 – Organo o prodotto in cui si trovano i differenti tipi di aromi e i fattori che li influenzano*

Organo/prodotto	Tipo di aroma	Fattori influenzanti
vite	varietale	clima, varietà, suolo, tecnica viticola
uva	pre-fermentativo	maturità, condizioni, sanità
mosto	fermentativo	tecnologia
vino giovane	fermentativo	fermentazione alcolica e malolattica
vino	post-fermentativi	invecchiamento, maturazione, tecnologia

Alcuni aromi varietali si sentono dopo la fermentazione o dopo l'invecchiamento; questo processo è indicato come maturazione degli aromi primari e non saranno quindi aromi terziari.

* *https://vinoeviticoltura.altervista.org/gli-aromi-varietali/*

L'escursione termica si può ottenere anche con la defogliazione basale, che consente al grappolo di scaldarsi durante il giorno e di rinfrescarsi di notte, ma con il rischio di avere temperature massime troppo elevate durante il giorno.

Gli aromi varietali sono presenti nelle bucce e nell'ipoderma (mesocarpo), anche come precursori; al contrario degli antociani, si trovano anche nella polpa e riguardano alcune centinaia di composti che possono essere raggruppati nelle seguenti classi (Tabella 4.2):

- terpeni;
- C13-norisoprenoidi;
- metossipirazine;
- tioli volatili detti anche mercaptani;
- alcoli e aldeidi alifatici a sei atomi di carbonio.

Gli aromi varietali delle uve sono in forma glicosilata e non libera, cioè sono legati agli zuccheri all'interno del vacuolo e non sono idrosolubili; questi glucosidi inodori non sono quin-

Tabella 4.2 - Composti aromatici, soglia di percezione e aromi percepiti

Gruppo	Nota olfattiva	Cultivar	Tipo di aroma
Terpeni	Floreali, di rosa Coriandolo Canfora Note verdi ed erbacee	Moscato e Malvasie aromatiche	Varietale, in piccole parti rilasciate dai lieviti
Norisoprenoidi (C13)	Floreali e fruttate Note speziate Kerosene	Nebbiolo, Sangiovese, Glera, Vermentino, Riesling, Timorasso	Varietale, in piccole parti rilasciate dai lieviti
Metossipirazine	Note vegetali (es peperone verde o pisello)	Cabernet-Sauvignon, Cabernet - Franc, Merlot, Sauvignon, Semillon	Varietali, si sviluppano con clima freddo
Tioli	Fruttata Note sgradevoli (aglio, caffè)	Sauvignon, Chenin Blanc, Vermentino e Vitis lambrusca	Varietale, in piccole parti rilasciate dai lieviti. Aumentano ritardando la vendemmia
Alcoli Aldeidi alifatici	Note fruttate	Cabernet-Sauvignon Riesling	Varietali, influenzati dal tipo di vendemmia (quella meccanica porta al rilascio)
Benzenoidi	Vaniglia	Chardonnay	Varietale

di attivi dal punto di vista sensoriale (non vengono percepiti) e questo permette la classificazione tra uve aromatiche e uve non aromatiche (o neutre); tra le uve aromatiche abbiamo il Moscato, ma anche il Cabernet (varietà semi aromatiche con la caratteristica delle metossipirazine dal caratteristico odore di peperone verde).

Alcuni composti aromatici possono partire da precursori non specifici, per esempio da alcuni amminoacidi, mentre altri da forme legate all'aroma delle uve, come i monoterpeni legati agli zuccheri, in particolare al glucosio. Durante il processo fermentativo, gli aromi glicosilati vengono idrolizzati, con liberazione degli zuccheri, che diventano quindi percepibili ai nostri sensi. Le frazioni glicosilate sono presenti in numero molto maggiore rispetto alle forme volatili e non sono solo specifiche del genere *Vitis*, ma abbondantemente presenti nel mondo vegetale. Questo status delle molecole aromatiche non riguarda solo monoterpeni, ma anche norisoprenoidi, la cui idrolisi, in mezzo acido, conduce direttamente a composti odorosi.

4.2 I polifenoli[2]

La sintesi dei composti fenolici parte dall'amminoacido fenilalanina ed è indotta dalla luce; sono presenti soprattutto nell'acino, ma anche in foglie, fiori e radici. Nell'acino, la buccia è più ricca rispetto alla polpa degli elementi minerali, in particolare potassio, magnesio, calcio, polifenoli, aromi ed enzimi.

I polifenoli più rilevanti per la qualità del vino appartengono al gruppo dei flavonoidi, che comprendono antociani, tannini e favonoli.

Antociani e tannini sono i composti più studiati nell'acino ai fini dell'individuazione dell'ottimale composizione delle uve alla vendemmia; nell'acino si trovano anche fenoli non flavonoidi, tra cui rientrano gli acidi fenolici che si suddividono in benzoici e cintamici e gli stilbeni.

I tannini partecipano invece al colore e al sapore del vino: quest'ultimo è correlato alle diverse frazioni dei tannini. È co-

[2] Fregoni M. Viticoltura di qualità. Trattato dell'eccellenza da terroir. 2013. *Tecniche Nuove.*

munque noto che i tannini possano combinarsi con le proteine: nelle viti vigorose il metabolismo proteico favorisce sia i composti azotati polimerizzati sia i tannini aggressivi erbacei, per cui anche i composti tanno-proteici aumentano, conferendo sapore grossolano.

La sintesi di composti fenolici è favorita dagli stress abiotici (idrico, termico e radiativo) e biotici (attacchi fungini).

Nell'uva della maggior parte delle cultivar di vite a bacca nera, prevale la presenza delle antocianine[3], in particolare malvidina, delfinidina e petunidina, che conferiscono una colorazione che tende al bluastro; cianidina e peonidina conferiscono un colore che tende più al rossastro; congiuntamente superano il 50% del totale delle antocianine presenti solo in poche cultivar come il Nebbiolo.

4.2.1 Polifenoli e appassimento in cassetta per i rossi

L'appassimento in cassetta per i rossi è una tecnica che prevede circa 1 mese di appassimento in cassetta e conseguentemente arricchimento delle uve di sostanze aromatiche e coloranti per concentrazione a neosintesi di nuovi composti aromatici: infatti nei primi 15-20 giorni abbiamo neosintesi, e dopo 20-25 giorni iniziano la concentrazione delle sostanze. Alle condizioni attuali del clima si potrebbe fare l'appassimento in pianta con taglio del tralcio principale lasciando l'uva 7-10 giorni sulla vite che sono già sufficienti sia per la neosintesi sia per la concentrazione dei composti elaborati; il taglio del tralcio

[3] O antociani.

deve avvenire una settimana prima della piena maturazione e lasciando l'uva sulla pianta 10-12 giorni (se si protrae troppo la sostanza colorante è più alta dagli antociani disostituiti - cianidina e ammidica - meno stabili); non esageriamo con 3-4 settimane. Se la tecnica si fa per parecchi anni, bisogna stare attenti a problematiche di germogliamento alla ripartenza primaverile, quindi si possono prevedere concimazioni post vendemmia (in particolare con azoto) per compensare le riserve portate via precocemente con la parete fogliare.

4.3 Zuccheri

Certi aromi si accumulano nelle bacche solo con la gradazione zuccherina alta. Gli zuccheri sono rappresentati principalmente da glucosio e fruttosio. All'inizio dello sviluppo sono le bacche stesse che producono una quantità di zuccheri sufficiente all'autonutrizione, ma dopo l'invaiatura la fonte principale di sintesi è rappresentata dalle foglie.

4.4 Acidi organici[4]

L'acido tartarico e l'acido malico vengono sintetizzati direttamente nell'acino con il metabolismo proteico e non sono traslocati dalle foglie all'acino. È importante che la pianta in fase di maturazione sia sostenuta dal punto di vista idrico per far sì che gli acidi non vengano respirati come avviene in notti abbastanza calde: inoltre, l'acido malico è meno stabile del tartari-

[4] Fregoni M. Viticoltura di qualità. Trattato dell'eccellenza da terroir. Op. cit.

co ed è più soggetto a modificazioni in seguito al variare delle condizioni esterne.

L'acido malico deriva dalla degradazione degli zuccheri, soprattutto dall'organicazione dell'anidride carbonica. Recenti ricerche hanno dimostrato che durante la maturazione dell'uva, l'acido malico viene trasformato in zuccheri con un meccanismo inverso a quello di sintesi, con conseguente diminuzione dell'acidità. Per vini freschi, la concentrazione ideale di acido malico ammonta a 1-3 g/l, senza però anticipare la raccolta perché mancherebbe probabilmente tutta l'altra parte della maturazione.

Un'eccessiva quantità di questo acido nelle bacche può indicare scarsa maturazione e la sua presenza nel vino conferisce la caratteristica asprezza, a meno che non subisca fermentazione malolattica.

La diminuzione dell'acido malico nell'acino può avvenire per le seguenti cause:

- aumento della permeabilità delle membrane delle bacche mature e respirazione intensiva, soprattutto nei climi caldi o nelle annate calde;
- aumento di potassio nelle bacche che conduce alla formazione del malato di potassio; anche la liberazione di potassio al momento della pigiatura fa precipitare l'acidità;
- aumento di calcio e di magnesio che conduce alla formazione di sali bibasici;
- aumento di acqua nelle bacche, che provoca una diluizione dell'acido malico.

Per migliorare il quadro acido, difficilmente è modificabile la degradazione del malico, ma bisogna lavorare sulla quantità di malico in partenza perché in ogni caso avrò la sua degradazione. Si deve quindi lavorare di più sulla fase di accumulo e quindi sui punti che si possono condizionare: per esempio, nella fase verde prima dell'invaiatura, la disponibilità luminosa e le temperature intorno ai 20 °C influenzano positivamente l'accumulo degli acidi, che prosegue fino ad allegagione e pre-invaiatura.

Ad oggi non sono state rilevate differenze di degradazione tra le varietà, ma la quantità finale dipende da quella accumulata all'inizio. Risulta quindi evidente l'importanza di una chioma in buono stato di salute per avere un buon quadro acido.

4.5 La maturazione dell'uva

La maturazione dell'uva è un processo complesso e termina nel momento in cui il quadro compositivo è ottimale per il tipo di uso che si intende intraprendere.

La complessità è dovuta sia alla contemporaneità di diversi processi di accumulo e di degradazione di vari componenti, sia dalla numerosità di questi ultimi: si calcola che a maturazione l'acino contenga diverse centinaia di composti, alcuni dei quali, ad esempio quelli aromatici, presenti in quantità infinitesimale.

È noto che i tre organi principali che formano l'acino siano buccia, polpa e semi-vinaccioli.

La crescita dell'acino, espressa in diametro, volume o peso fresco, è descritta da un modello conosciuto come doppia sigmoide: nella prima fase che va dall'allegagione all'inizio della maturazione c'è una fase erbacea, successivamente invece si passa a quella legata alla maturazione; l'invaiatura è una fase di stasi (Figura 4.1). Il passaggio dalla fase di stasi a quella di

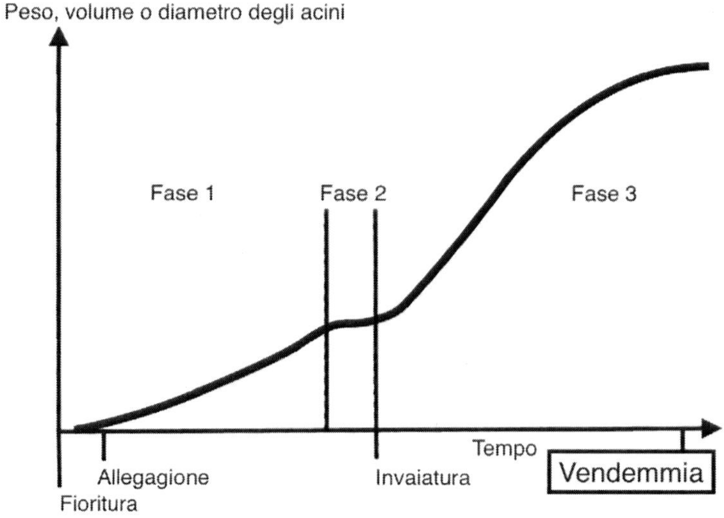

Figura 4.1 – Curva di maturazione degli acini. Fonte: https://vinoeviticoltura.altervista.org/la-maturazione-delluva/?doing_wp_cron=1725460163.3935809135437011718750

maturazione segna anche un importante cambiamento per quanto riguarda il rifornimento idraulico dell'acino: prima dell'invaiatura infatti è lo xilema ad assicurare oltre il 90% del fabbisogno idrico dell'acino, mentre in post invaiatura tale percentuale si inverte a favore del floema.

È utile, per descrivere i vari processi che portano al quadro finale di maturazione, riferirsi ancora al modello di crescita a doppia sigmoide dell'acino distinguendo i processi che avvengono durante le due fasi di accrescimento (fase I e III).

L'andamento della maturazione e di conseguenza la composizione dell'uva sono altamente influenzati dall'anticipo delle fasi di crescita dovuto ai cambiamenti climatici.

4.5.1 Fase I di crescita (xilematica) e II di stasi

Numerose sono le categorie di soluti che si accumulano nell'acino durante la fase verde e molti di questi raggiungono la massima quantità poco prima o in prossimità dell'invaiatura; in particolare gli acidi organici come acido tartarico, normalmente più abbondante nella buccia, e acido malico, prevalentemente localizzato nella polpa.

Durante la fase di crescita dell'acino (fase I), la pianta si trova nel periodo di massima suscettibilità allo stress idrico, che influenza in maniera significativa la concentrazione dei soluti all'interno dell'acino (principalmente zuccheri semplici). Frequentemente, viti stressate presentano concentrazioni zuccherine alla vendemmia superiori a quelle di viti irrigate, ma per motivi diversi: gli zuccheri si concentrano per fenomeni di parziale disidratazione dell'acino, le viti irrigate hanno produzioni normalmente più alte e una vegetazione maggiore e quindi questo fa sì che questi grappoli siano diversi come qualità zuccherina.

È peraltro evidente che quando lo stress idrico diventa molto severo e prolungato, la concentrazione zuccherina del mosto tende a ridursi per un effetto di limitazione della funzionalità fotosintetica delle foglie.

Nella fase II, denominata fase di "stasi" la crescita ponderale dell'acino è minima o nulla; si ritiene che sia correlato al completamento della struttura del seme che in questa fase raggiunge il peso fresco finale e il massimo contenuto in tannini; quelli contenuti nella buccia rimangono costanti o calano leggermente in questa fase. Anche le sostanze aromatiche prodotte durante la prima fase diminuiscono nel corso della seconda, spiccano le già citate metossipirazine, che come noto tendono a diminuire in uve più soleggiate rispetto ad altre più in ombra.

Medesimo concetto è applicabile ad altri composti come i flavonoli, il più abbondante dei quali è la quercetina, che possono essere considerati come veri biosensori. La quercetina, infatti, in uve esposte alla luce, può aumentare la propria concentrazione di svariate volte rispetto ad uve ombreggiate, poiché agisce da schermo protettivo contro la radiazione ultravioletta.

La durata di questa fase è variabile in funzione del genotipo (da una a sei settimane).

4.5.2 Fase III di crescita (fase floematica)

L'invaiatura segna l'inizio della seconda fase di crescita dell'acino, decretando l'inizio dell'intenerimento della bacca e la rapida ascesa degli zuccheri.

Molti dei componenti che si sono accumulati nell'acino nel corso della fase verde si trovano in quantità inalterate alla vendemmia, ma a causa di questo aumento di volume, a concentrazioni inferiori.

In post-invaiatura, l'acido malico si riduce velocemente non solo per un mero effetto della diluizione, ma anche per fenomeni di degradazione tramite la respirazione[5], più intensi in climi caldi o in uve esposte alla luce e quindi più calde; in minima parte è utilizzato per la produzione di zuccheri.

Per quanto riguarda i tannini contenuti nei vinaccioli, la loro riduzione è ascrivibile al processo di ossidazione che ri-

[5] Respirazione: è un processo di combustione graduale a partire da grosse e complesse molecole organiche e produce energia e composti intermedi necessari per la biosintesi di altre sostanze utili alla pianta. L'intensità di respirazione incrementa all'aumentare della temperatura (10 °C - 35 °C) e si riduce con l'invecchiamento degli organi.

guarda la frazione che aderisce ai tegumenti. I tannini contenuti invece nella buccia rimangono costanti o calano leggermente durante il secondo periodo di crescita, questi inoltre interagiscono con le pectine e gli antociani condizionando in modo importante la struttura finale del vino e la stabilità del colore.

Gli zuccheri trasportati nell'acino e per via floematica sotto forma di saccarosio vengono immediatamente idrolizzatoti dall'enzima invertasi in glucosio e fruttosio e continuano ad accumularsi fino alla piena maturazione, o fino alla soglia zuccherina fisiologica di 25-26 °Bx. Il secondo evento primario della fase di sviluppo post-invaiatura è il rapido aumento di numerosi metaboliti secondari, tra i quali spiccano certamente per le uve nere gli antociani, composti coloranti presenti nella buccia.

È relativamente recente l'acquisizione scientifica secondo la quale la scarsa colorazione di antociani che spesso si rileva in acini surriscaldati da un'eccessiva esposizione alla luce derivi non solo da un'inibizione della loro sintesi, ma anche da una degradazione più rapida di colore già formato.

Nei vitigni bianchi, i metaboliti secondari di maggiore rilevanza sono composti aromatici volatili presenti sia nella buccia sia nella polpa: esempio più calzante è quello dei terpeni che conferiscono le note di aroma primario. Inoltre molti metaboliti secondari sono prodotti nella parte finale della maturazione e anche per questo motivo, specie per alcune tipologie di prodotto, è importante salvaguardare la sanità delle uve in pianta in maniera tale da non dover ricorrere a una vendemmia forzatamente anticipata; spesso questi metaboliti si trovano in forma glicosilata, quindi non volatile e non immediatamente percepibile all'olfatto, ma saranno liberati successivamente in fase di fermentazione o di invecchiamento.

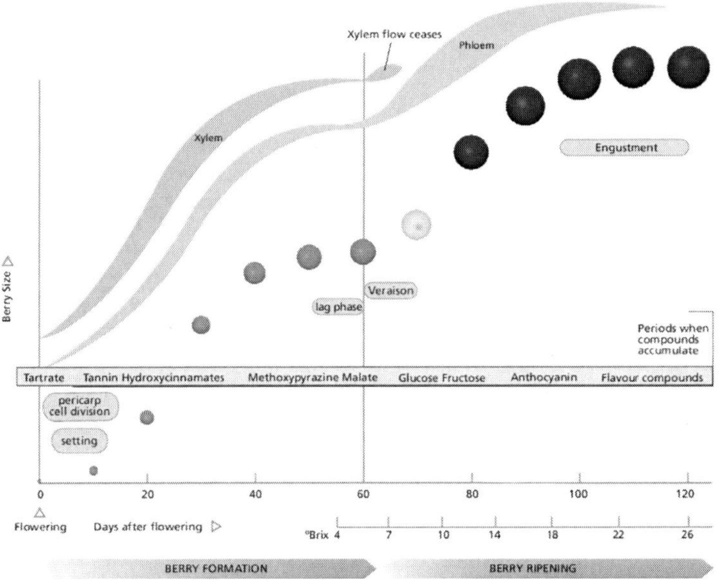

Figura 4.2 – Accumulo dei componenti biochimici in funzione alla dinamica di crescita a doppia sigmoide. Fonte: https://www.researchgate.net/figure/Diagram-showing-relative-size-and-color-of-berries-at-10-day-intervals-after-flowering_fig1_257198648

4.5.3 Quadro biochimico nelle fasi di maturazione

I principali elementi contenuti nell'acino subiscono variazioni durante la stagione (Figura 4.2), in particolare tra allegagione, invaiatura e vendemmia:

- gruppo A: zuccheri, antocianine, norisoprenoidi, terperni, prolina e arginina aumentano tra invaiatura e vendemmia;
- gruppo B: potassio e sodio aumentano dall'allegagione alla vendemmia;

- gruppo C: acido malico, metossipirazine, carotenoidi, catechine e tannini diminuiscono tra l'invaiatura e la vendemmia;
- gruppo D: acido tartarico, quercetina e calcio aumentano tra l'allegagione e l'invaiatura per rimanere stabili fino alla vendemmia.

Dal profilo ecologico e di perpetuazione della specie, non vi è dubbio che tutto ciò che accade durante la fase I e II di sviluppo dell'acino (ovvero verde e stasi) sia finalizzato da un lato a produrre semi completi e vitali, e dall'altro a proteggerli dagli agenti esterni e a favorire la loro disseminazione; è evidente che la tipologia di componenti che si accumula in questa prima fase svolge un'azione deterrente nei confronti dei mammiferi e degli uccelli predatori.

All'opposto, le trasformazioni che avvengono dall'invaiatura in poi, sembrano soprattutto per ciò che concerne accumulo di zuccheri, colore e sostanze aromatiche, un invito agli stessi uccelli e mammiferi di cibarsi del frutto in maniera tale da favorire la dispersione del seme nell'ambiente e con essa la sa salvaguardia e sopravvivenza della specie.

4.5.4 Sostanze azotate

Le sostanze azotate aumentano con il procedere della maturazione: rivestono ruolo di notevole importanza, specie per i vini base degli spumanti in quanto oltre ad essere fonte di nutrimento dei lieviti durante la fermentazione, nei processi di vinificazione costituiscono anche una delle fonti dei composti aromatici del vino (combinazioni chimiche degli aminoacidi con altri composti). Gli aminoacidi, oltre ad essere utili ai lieviti, contribuiscono a formare il bouquet del vino, purché non siano in eccesso.

4.5.5 Attività enzimatica

Gli enzimi sono contenuti soprattutto sulla buccia. Il patrimonio enzimatico di un vitigno, in senso lato, è correlato con la qualità del vino: esiste una correlazione stretta tra gli enzimi e i microelementi, i quali entrano nel gruppo prostetico oppure funzionano da catalizzatori di varie reazioni enzimatiche. Purtroppo il potenziale enzimatico in relazione alla qualità non è del tutto noto e quindi sfruttato.

4.6 Gli aromi durante la maturazione

L'inizio della maturazione dell'uva coincide con la fase di invaiatura, ovvero con la degradazione progressiva della clorofilla (di colore verde) e la comparsa di pigmenti: antociani (rosso, porpora e blu nei vitigni a bacca nera) e flavonoli (pigmenti gialli nelle varietà a bacca bianca), che causano il viraggio del colore della buccia degli acini.

L'inizio del processo di maturazione è caratterizzato da una serie di eventi che comprendono:

- intenerimento dell'epicarpo;
- aumento del peso e del volume della bacca per distensione cellulare e per accumulo di acqua e soluti;
- accumulo di zuccheri semplici (glucosio e fruttosio);

- diminuzione della concentrazione degli acidi organici (malico e tartarico);
- aumento del pH;
- sintesi delle sostanze coloranti (antociani e flavonoidi);
- accumulo di aminoacidi (soprattutto prolina e arginina);
- sintesi di aromi primari (terpeni, metossipirazine, norisoprenoidi, tioli in funzione del vitigno);
- idrolisi delle sostanze peptiche;
- polimerizzazione dei tannini;
- diminuzione dei promotori di crescita (auxine) e aumento degli inibitori (acido abscissico e brassinosteroidi).

Durante la maturazione, fra i parametri da monitorare, c'è il contenuto di azoto prontamente assimilabile dai lieviti (APA), che è costituito dall'azoto organico presente nel mosto come ione ammonio e dall'azoto amminico degli aminoacidi, prolina esclusa. Oltre ad esercitare un'influenza determinante sulla velocità e sulla regolarità di fermentazione, è importante soprattutto per i vini bianchi e per il quadro aromatico. Quantitativi di APA nei mosti inferiori a 120-150 mg/l possono infatti pregiudicare il regolare decorso della fermentazione e influire negativamente sulla componente aromatica del vino.

4.6.1 Maturazione tecnologica dell'uva

La maturità tecnologica dell'uva da vino viene raggiunta quando la concentrazione degli zuccheri semplici fermentescibili (glucosio e fruttosio) e quella degli acidi organici del mosto (malico e tartarico) raggiunge livelli ritenuti ottimali per la produzione di uno specifico tipo di vino.

Ovviamente la determinazione dell'epoca ottimale di vendemmia dovrà tenere conto di altri importanti fattori della qualità quali lo stato sanitario delle uve, il pH del mosto, la concentrazione di azoto prontamente assimilabile dai lieviti (APA) e delle componenti fenoliche e aromatiche.

A partire dall'invaiatura, la maturazione tecnologica può essere raggiunta in un lasso di tempo molto variabile che può essere anche di soli 20-25 giorni nei vitigni che maturano precocemente, ma può arrivare fino a 60-80 giorni per le varietà tardive.

Molti sono i fattori di ordine ambientale e colturale che influenzano l'accumulo degli zuccheri: temperature relativamente basse (<15 °C) o eccessivamente alte (>35 °C) non sono favorevoli all'attività fotosintetica delle foglie, con conseguenze solitamente negative sull'accumulo degli zuccheri nell'uva; temperature comprese tra 20 °C e 30 °C, soprattutto se associate a una buona disponibilità luminosa, favoriscono invece la fotosintesi, ovvero la produzione di carboidrati utili all'accumulo negli acini. Forti carenze idriche limitano la fotosintesi, la crescita degli acini e l'accumulo degli zuccheri; al contrario l'eccesso di pioggia è poco favorevole a una buona annata sia dal punto di vista qualitativo che sanitario.

In alcuni casi, i parametri analitici indicano che l'uva è pronta, ma l'assaggio evidenzia un grado di maturità (polimerizzazione) non corretto perché le bucce arrivano a maturazione prima dei vinaccioli. In questi casi, bisognerebbe distinguere le esperienze di un territorio e dell'annata per capire se la maturazione delle bucce e dei tannini può essere complementare; in caso contrario, in alcune annate, nei vini finiti ci potranno essere tannini amari che derivano da eccessiva estrazione di uve con vinaccioli verdi e quindi bisognerebbe lavorare diversamente in vinificazione attraverso la separazione dai vinaccioli.

4.6.2 La maturazione aromatica

Il concetto di maturità fenolica, molto importante per la produzione di vini rossi strutturati da destinare all'invecchiamento, riguarda non solo la concentrazione totale di questa famiglia di sostanze presenti nell'uva, ma anche la loro differente composizione e la loro estraibilità durante la vinificazione. Infatti non tutte le uve non sono odorose, ma gli aromi vengono fuori dal biochinismo fermentativo. Le uve aromatiche sono ricche di terpeni che ne caratterizzano l'olfatto, mentre altre varietà come il Sauvignon Blanc sono aromatiche alla masticazione (che consente un ritorno olfattivo).

La chimica e la biochimica hanno messo in evidenza che ci sono nell'uva delle molecole silenti che non danno odore, ma che modificandosi lo posso dare (precursori aromatici): in pratica la molecola odorosa può liberarsi dalla "zavorra" attraverso l'azione enzimatica o idrolisi acida e permette all'aglicone di raggiungere il criterio olfattivo.

Questi fattori sono molto importanti perché influenzano non solo intensità, tonalità e stabilità del colore (antociani), ma anche struttura e corpo del futuro vino, per incidere poi sui gusti di astringente, di amaro e su alcune note olfattive.

La determinazione dell'evoluzione della concentrazione degli antociani della buccia è uno strumento importante per stimare l'evoluzione della ben più complessa maturità fenolica: nel caso degli antociani non possiamo parlare di accumulo, in quanto questi componenti subiscono un incremento di concentrazione dopo l'invaiatura, raggiungono un livello massimo e tendono poi a calare per effetto di fenomeni di degradazione.

Nella maggior parte dei vitigni e degli ambienti di coltivazione, il picco massimo della concentrazione di antociani si colloca intorno alla maturità tecnologica, per poi diminuire in fase di sovra-maturazione. Un'evoluzione abbastanza simile si ha anche a carico dei tannini presenti nei vinaccioli. Purtroppo non sempre è possibile avere una perfetta corrispondenza tra maturazione tecnologica e massima concentrazione di antociani, dovute a specifiche combinazioni tra andamento meteorologico, vitigno e tecniche di gestione.

Il profilo fenolico è sotto stretto controllo genetico ed è quindi funzione diretta del genotipo. Altro fattore che agisce in modo determinante sulla maturità fenolica delle uve a bacca nera è l'entità della produzione unitaria per pianta; in particolare sui vitigni altamente produttivi gli interventi di diradamento dei grappoli all'invaiatura, oltre ad ottenere aumenti degli zuccheri, si è avuto anche un significativo incremento degli antociani e dei polifenoli totali delle bucce.

I cambiamenti climatici in atto, con il passaggio da clima caldo a caldo-arido, causano un maggior consumo di acidi, soprattutto il malico, con inibizione di sostanze fenoliche e aromatiche, con un generale sfasamento della maturità fenolica.

4.6.3 Interruzione della maturazione[6]

Una pubblicazione del 2019 conferma che con la maturazione del seme, il flusso floematico delle bacche si riduce notevolmente, fino ad interrompersi; al contempo inizia la leggerissima disidratazione dell'acino: c'è perdita di peso e aumento del contenuto degli zuccheri. In questa fase di intenerimento delle bac-

[6] Bigot G, Zironi R. Maturazione e vinificazione delle uve a bacca nera. 2020. *4Grapes*, https://www.facebook.com/4grapes.it/videos/663333647927412.

che, l'acqua entra nell'acino solo dall'esterno in quanto le bucce ormai si sono assottigliate (meno pruina, ecc.).

Nella fase di appassimento, un aspetto fondamentale è la maturazione dei polifenoli nell'epicarpo, che continuano a polimerizzare, seppur lentamente, diventando un po' più grandi. La maturazione delle pectine nella buccia si vede perché le bucce colorano le dita al tocco a causa della perdita di integrità cellulare. Questo comporta un arricchimento del sistema di polisaccaridi, che saranno quelli che moduleranno l'aggressività dei tannini (sono polisaccaridi stabili nel tempo e duraturi con l'invecchiamento); ci sarà anche un lieve aumento dell'alcol, a discapito dell'acidità.

4.7 Fattori che influenzano gli aromi

4.7.1 La luce[7]

Le metossipirazine vengono prodotte soprattutto nella fase I di accrescimento dell'acino (fase verde), ma la biosintesi continua anche nelle fasi successive; essendo aromi liberi, il calore porta alla loro degradazione, per cui se si vuole ridurre la quantità di metossipirazine nelle uve, bisogna ridurre la vigoria della pianta e tenere in posizione luminosa i grappoli (su varietà come Merlot e Cabernet si fa una defogliazione tardiva a 7-10 giorni dalla raccolta).

Anche i tioli subiscono degradazione, ma si può evitare riducendo l'esposizione dei grappoli al sole; per esempio è evidente nel Vermentino coltivato al caldo, che dal punto di

[7] D'Onofrio C. L'origine viticola degli aromi del vino. Op. cit.

vista aromatico sembra più un vino rosso e diverso da un Vermentino coltivato al fresco, che ha invece più sentori floreali (quindi mantenere la copertura del grappolo può favorire questo tipo di aromaticità). In generale, se vogliamo un vino fresco e tiolico devo proteggere il grappolo dalla luce e dal sole.

Allo stesso tempo la luminosità diretta stimola la biosintesi dei terpeni[8] e dei norisoprenoidi (prima come carotenoidi), ma con il rischio di degradazione con le alte temperature raggiunte. Quindi sarebbe ideale illuminare il grappolo ma senza riscaldarlo: lo si può ottenere con la defogliazione basale precoce, ma senza sfemminellatura poiché nel corso della fase I l'acino si protegge da solo e poi si riforma la massa fogliare per evitare temperature eccessive durante la maturazione.

La luce è importante per la formazione degli aromi anche nella fase II e all'inizio della fase III in quanto, insieme al calore, influenza direttamente l'espressione genica per biosintesi e degradazione. Gli aromi liberi sono ancora più sensibili al calore rispetto agli aromi glicosilati: quindi pensare a delle defogliazioni nella fase III, per esempio in un Moscato, vuol dire perdere il profilo aromatico caratteristico.

4.7.2 Caratteristiche microclimatiche[9]

Si conferma che le caratteristiche microclimatiche siano altrettanto importanti quanto quelle dei terreni: per esempio le tempe-

[8] Molte molecole, non solo gli amminoacidi e il malico, ma anche tutti i precursori terpenici che derivano dal metabolismo dei cloroplasti, sono sintetizzate attraverso reazioni che avvengono a circa 37°C.

[9] D'Onofrio C. L'origine viticola degli aromi del vino. Op. cit.

rature medie e le escursioni termiche sono rilevanti per la biosintesi degli aromi. Fra le caratteristiche microclimatiche, rientrano:

- l'orientamento[10] dei filari: nel caso di direzione del filare N/S, defogliando su entrambi i lati, ad ovest c'è una concentrazione di aromi inferiori rispetto al lato est poiché nel pomeriggio le temperature sono più alte e di conseguenza i grappoli esposti ad ovest sono più illuminati[11] (nelle zone calde eventualmente defogliare solo ad est);
- sesto d'impianto: se ho filari più vicini, in relazione all'orientamento degli stessi posso avere condizioni di ombra nella zona di fruttificazione, influenzando anche le caratteristiche delle uve come la composizione zuccherina, degli antociani e la maturità fenolica; la vecchia regola per cui la distanza tra i filari deve essere pari almeno all'altezza della parete, con i climi attuali il rapporto potrebbe passare da 1 a 0,8;
- forma di allevamento: bisognerebbe rivedere l'architettura della pianta favorendo una maggior copertura fogliare nella fascia produttiva dell'uva.

Non ci sono ancora state verifiche scientifiche se i prodotti fitosanitari incidono sulla biosintesi degli aromi.

La ricerca sta guardando agli elicitori naturali come i jasmonati naturali per stimolare la biosintesi degli aromi, ma anche alla possibilità che le piante attorno al vigneto possano influenzare la concentrazione degli aromi nelle uve.

---

[10] Alle nostre latitudini l'orientamento ottimale per ridurre lo stress termico è 10°-40° con filari N-NE <-> S-SW, per mettere anche i grappoli in ombra.
[11] Si ha maggior accumulo termico ad est (effetto minestrone), mentre si ha il picco termico e solare a ovest (effetto arrosto).

4.7.3 Stress idrico e termico[12]

Lo stress idrico sembrerebbe non avere un effetto diretto sugli aromi, ma ha effetto indiretto per esempio nella fase I in quanto riduce la dimensione dell'acino e quindi il rapporto buccia/polpa, di conseguenza diminuisce la concentrazione totale e spesso zuccheri, fenoli e acidi risultano poco maturi. Inoltre piante in stress hanno una fogliosità inferiore, con conseguente calore sulle uve e degradazione più veloce degli aromi. In caso di scottature delle uve, c'è modificazione dei tessuti e delle molecole contenute, che possono portare a produrre caratteri e aromi da "verdura lessa" o "frutta cotta". Al contrario, la disponibilità idrica nella fase dell'invaiatura può alterare l'equilibrio nell'altro senso favorendo l'acidità e la presenza di aromi. L'altro effetto indiretto dello stress idrico è il disallineamento o asincronia tra maturazione tecnologica, fenolica e aromatica.

La qualità del vino è in funzione della produzione di metaboliti secondari, che rispondono bene a certi livelli di stress, per cui per produrre ottimi vini servono annate asciutte. È però necessario trovare un equilibrio in quanto l'eccessivo stress causa la chiusura degli stomi, con riduzione della fotosintesi e rallentamento della maturazione.

Il profilo aromatico di ogni vitigno dipende da una componente genetica e da una ambientale; di solito le molecole libere sono sempre inferiori a quelle glicosilate, che sono più stabili e più difficili da perdersi, per cui tendono a rimanere nel prodotto finale[13].

La frazione glicosilata risponde alle condizioni idriche in vigneto, per cui il trattamento irriguo non modifica il profi-

---

[12] Poni S. Progettare e gestire il vigneto sostenibile in un'era di cambiamento climatico. 2022. Pubblicazione indipendente.
[13] D'Onofrio C. L'origine viticola degli aromi del vino. Op. cit.

lo aromatico, ma tende ad incrementarlo nell'espressione ambientale - di territorio: l'effetto è quantitativo, ne aumenta la presenza dei composti aromatici.

È stata fatta una prova con sei trattamenti irrigui misurando la risposta aromatica dei volatili totali (frazione glicosilata + libera). Uno stress idrico precoce (pre-invaiatura) fa aumentare il potenziale aromatico delle uve, ma poi deve essere aiutato nella seconda fase con condizioni idriche corrette.

Le tesi stressate in post invaiatura avevano una percentuale di componenti liberi maggiori rispetto ai glicosilati; il contrario si è visto sullo stress idrico in pre-invaiatura, dove invece aumentano i glicosilati (norisoprenoidi, benzenoidi, ecc.).

Naturalmente oltre all'epoca di stress idrico, è l'intensità che va modulata a seconda del vitigno: per esempio il Merlot non può andare oltre lo stress idrico moderato di -1 MPa, a differenza del Sangiovese che invece sopporta stress più alti.

A tal proposito è stata fatta una prova sperimentale di risposta aromatica dei portinnesti 1103 Paulsen e SO4 su Merlot e Sangiovese; sono state fatte in mastelloni e dai primi dati di una prova biennale dove venivano effettuati 3 trattamenti irrigui stagionali, in molti casi l'SO4 risponde molto bene all'accumulo aromatico (bisognerà capire quanto è influente la distribuzione dell'apparato radicale). Quando invece si parla di valutazione delle curve di maturazione in condizione di stress, si deve tenere conto di due tipi di componenti:

- modificabili, come zuccheri e acidità;
- parzialmente o non modificabili, come concentrazione di polifenoli, tannini e precursori aromatici; anche il pH potrebbe essere modificato.

Questi parametri hanno poi rilevanza diversa tra uve bianche e rosse:

- per le uve bianche, il pH è il più rilevante (fisso un valore che non voglio superare), mentre zuccheri e acidità sono modificabili; al pH è infatti collegato l'aspetto sensoriale, per cui se all'assaggio delle uve si ritrovano sensazioni sgradevoli, vuol dire che potrebbero essere ancora verdi; diventa un parametro molto importante tra l'altro per le basi spumante poiché altrimenti si rischia di fare un "vinello";
- per le uve rosse, il pH è meno importante (se alto è "tollerabile", anche se i vini saranno pronti prima e meno longevi), mentre sono decisamente più rilevanti le componenti coloranti e gustative.

Tra l'altro, quando in maturazione a parità di data e varietà mi trovo pH diversi, compresi tra 2,8 e 3,1, vuol dire che nel più alto è entrata in gioco la salificazione, che diventa fondamentale quando finisce la respirazione. La salificazione dipende dal potassio, dal suolo o dalla eventuale disponibilità idrica - irrigazione; pH molto bassi si trovano invece in uve che hanno tutti gli acidi liberi.

Purtroppo si rilevano pH che arrivano sempre più velocemente a parametri alti, e una delle cause potrebbe essere la tendenza a spingere sulla produzione di uva, che porta a salificazione e a un forte abbassamento dell'acidità (fenomeni di respirazione che riducono il malico e quindi gli equilibri si spostano sul tartarico; il potassio risulta più incisivo per effetto della salificazione). Se abbiamo parità di concentrazione di potassio in dipendenza degli acidi, abbiamo acidi che salificano e precipitano, abbassando l'acidità fissa, altri acidi salificano soltanto con diversi equilibri. Il fattore con maggior influenza su questi parametri è l'acqua perché con la gestione idrica ti porti dietro il potassio, di cui la vite è avida.

Se i parametri del mosto sono sballati, lo è anche la composizione del frutto, non solo di pH e acidità, ma di tutto il metabolismo dell'azoto, per cui l'APA si abbassa.

Molta della componente qualitativa è collegata all'azoto: la sintesi dei polifenoli, degli antociani e dei precursori aromatici. Se hai uve povere di azoto e diluite, non solo l'irrigazione è in eccesso, ma è errata la gestione integrale del vigneto: sicuramente la scelta dei portainnesti influenza la qualità delle uve perché alcuni assorbono fino ad oltre il 30% di potassio in più di altri, ma si possono anche avere squilibri vegetativi con troppa uva e poche foglie attive. L'azoto diventa necessario per avere una chioma più equilibrata: spostando quindi il rapporto a 1,4-1,8 mq/kg di uva (1 mq/kg potrebbe non valere più).

L'acino ad un certo punto perde di volume e lo studio dell'andamento del peso medio degli acini descrive l'annata e il rapporto buccia polpa: prima si chiude lo xilema, poi si chiude il floema, quindi l'acino ad un certo punto perde solo volume e va in surmaturazione o in alcuni casi avvizzisce, che è peggio dal punto di vista qualitativo: si cuoce, perde acqua e acquisice gusto di frutta o verdura cotta.

Se lo xilema è fermo dall'invaiatura, il potassio arriva anche dalle foglie tramite il floema (vedi le concimazioni fogliari con potassio a ridosso della maturazione), o comunque lo zucchero che scende dalle foglie verso la bacca si porta dietro il potassio.

La mancanza di acqua nel periodo di maturazione limita la biosintesi di tannini, acidi organici e alcune sostanze aromatiche di base; inoltre, ostacola l'accumulo di zucchero nelle bacche e la crescita dei frutti. Lo stress da siccità nel periodo che va dall'invaiatura alla maturazione finale dell'uva interferisce anche con la biosintesi degli antociani.

Le analisi delle uve sono un ottimo strumento di osservazione, è importante fare il campionamento[14] sempre negli stessi punti, all'interno di una determinata zona, per trovarsi le stesse piante.

Quando si parla di stress termico, è corretto affermare che "più caldo fa, più la maturazione anticipa poiché viene a ridursi l'intervallo temporale compreso tra invaiatura e maturazione", ma esistono alcuni lavori che riportano importanti eccezioni; ad esempio sulla varietà Semillon, hanno accertato che quando sussistono condizioni di caldo estremo (nella specie furono registrati temperature massime giornaliere superiore ai 40 °C per 14 giorni consecutivi), la cinetica di accumulo dei soluti nell'acino si riduce del 50%, causando addirittura un ritardo nella maturazione. Si ritiene che l'intervallo temporale tra fasi fenologiche si riduca solo in presenza di fattori ambientali non eccessivamente limitanti; in particolare, si ipotizza che per una temperatura dell'aria stabilmente sopra i 35 °C ci possa essere un ritardo di maturazione per gli effetti negativi legati, ad esempio, ad una forte limitazione del tasso di fotosintesi fo-

[14] Mediamente i campionamenti delle uve a ridosso della raccolta vengono fatti settimanalmente; quando fa caldo fare campionature più serrate per seguire attentamente il trend degli zuccheri ed il quadro acido; se controllo il pH ma non il potassio non ho informazioni complete perché con il campionamento di vigna faccio un pH con una pressatura "manuale": per esempio quando l'uva mi da un pH di 3,3 , in vinificazione potrei avere un pH di 3,6 con Potassio a 1,5-2 grammi, senza tenere conto del Calcio che abbiamo visto ormai aumentare come risposta della bacca alle alte temperature.

gliare[15]. Nel 2023 in Piemonte, alcune giornate di agosto con temperature massime superiore ai 35°C, con punte fino a 39°C, hanno rallentato la maturazione delle uve.

In termini di anticipo di maturazione, intesa come grado zuccherino elevato raggiunto molto presto nel corso della stagione rispetto agli standard attesi, sussiste un altro elemento di dubbio: questa maturazione più precoce è principalmente dovuta ad un anticipo temporale dell'invaiatura che poi si traduce anche in una maturazione anticipata, oppure, a parità di date di invaiatura, l'anticipo di maturazione si spiega con un tasso di accumulo degli zuccheri più veloce? Quella più accreditata è che non vi sia invece alcuna ragione concreta per pensare che la cinetica di accumulo abbia subito col cambio climatico un aumento significativo. In particolare nei rossi, alcuni studi hanno dimostrato che nel periodo compreso tra invaiatura e maturazione, temperature dell'aria che superano i 30 °C possono inibire la sintesi degli antociani negli acini, dimostrando che gli effetti termici sulla sintesi del colore sono risultati particolarmente sensibili quando riferiti al periodo di 1-3 settimane dalla comparsa di segni di pigmentazione; entro tale intervallo una temperatura di 20 °C ha fortemente stimolato la biosintesi degli antociani in confronto a un trattamento a 30 °C che ha conseguito una colorazione minima.

Un lavoro condotto in vigneto su Syrah con filari orientati est-ovest ha chiarito bene come anche entro la stessa chioma, una variabilità di microclima termico-luminoso può determinare alcune importanti differenze: in particolare, i grappoli prelevati sul lato sud del filare, sempre esposti alla luce e tem-

[15] Bigot G, Zironi R. L'andamento della maturazione delle uve in Italia. 2021. *4Grapes*, https://www.facebook.com/4grapes.it/videos/857329031839027.

perature elevate durante l'arco della giornata, hanno presentato un tenore di antociani decisamente inferiore rispetto a quello determinato su grappoli collocati in posizioni interne alla chioma stessa e quindi decisamente più ombreggiati, oltre a fare registrare anche un deciso incremento di flavonoli, in particolare di quercetina.

Temperature uguali o superiori a 35 °C non hanno solo effetto sulla sintesi degli antociani, quanto piuttosto sulla degradazione di antociani già formati; su Cabernet Sauvignon è stato dimostrato che l'esposizione prolungata a temperatura superiori ai 35 °C riduce la concentrazione totale di antociani di oltre 50% rispetto a condizione di circa 25 °C.

Il quadro che si presenta è solitamente quello di un accumulo zuccherino fortemente accelerato, mentre la maturazione fenolica e quella aromatica tendono a completarsi con sempre maggior ritardo (disaccoppiamento).

4.7.4 Escursioni termiche

La sintesi ottimale dei composti secondari e delle sostanze aromatiche e coloranti avvengono con giornate fresche, l'importante è che il giorno non sia troppo caldo e la notte non sia troppo fredda.

Dal punto di vista scientifico le escursioni termiche ideali per i composti secondari sono dai 12,5 °C ai 14 °C per avere uno stimolo alla sintesi delle sostanze aromatiche dell'acino; non ci devono però essere temperature giornaliere eccessivamente elevate poiché in caso di massime intorno ai 32-35 °C e di minime intorno ai 20 °C, i 12-15 °C di escursione termica non sono così efficaci come temperature giornaliere intorno ai 25 °C e minime intorno ai 20 °C, seppur la differenza tra giorno e notte è inferiore. Al di sotto dei 15 °C, le temperature fresche notturne diventano poco importanti per i polifenoli. È altresì fondamentale che l'escursione termica non avvenga prima dell'invaiatura, ma dopo (importante per studiare un ambiente di coltivazione): è utile per la sintesi di sostanze aromatiche nelle varietà bianche e di molecole coloranti in quelle a bacca nera.

Le uve Nebbiolo e Sangiovese possiedono una buona tendenza alla sintesi degli antociani; in condizioni sfavorevoli tuttavia, soprattutto nel Nebbiolo, la sintesi di queste molecole viene inibita e il loro profilo subisce sensibili variazioni (in particolare i rapporti peonidina/malvidina e cianidina/malvidina). Infatti, le cultivar a prevalenza o ricche di antociani diossigenati come il Nebbiolo o il Sangiovese sono molto sensibili alle oscillazioni del profilo antocianico varietale a causa dei fattori di natura climatica, ambientale e colturale.

Negli ambienti a clima semiarido, per effetto delle situazioni di stress termico o idrico (o entrambi), analogamente a quanto osservato anche per le uve a prevalenza di antociani triossigenati, la quantità di antociani potenzialmente accumulati è sensibilmente minore di quella che si osserva nelle zone in cui le situazioni di stress sono inesistenti o ridotte al minimo. In effetti, il probabile blocco dell'attività fotosintetica per il mancato assorbimento di CO2 atmosferica indotto dagli stress termici spiega, anche solo in parte, il minor accumulo degli antociani. Temperature elevate per lunghi periodi sono anche responsabili delle reazioni di degradazione a carico di questa classe di composti, dei flavonoli e delle pro-antocianidine.

Probabilmente bisogna imparare ad impostare un'agronomia varietale che permetta di esprimere al meglio le caratteristiche qualitative del singolo vitigno, tenendo conto delle tecniche viticole e dell'ambiente generale di coltivazione.

4.7.5 Cambiamento climatico[16]

Eventi climatici estremi, soprattutto per quanto riguarda le temperature, causano una notevole riduzione della qualità dei vini; come già anticipato, questa è dovuta al disaccoppiamento tra maturazione tecnologica e fenolica, all'innalzamento del tenore zuccherino, al depauperamento dell'acidità e del quadro aromatico. Quindi vanno considerate le nuove condizioni climatiche che influenzano il tutto e riguardano il biochinismo durante il ciclo vegetativo della vite e dell'uva. In particolare, si ha una flessione del potenziale aromatico dell'uva, crollo di acidità e aumento del pH. Un pH elevato vuol dire maggiore ossidazione chimica, perdita di solubilità della malvidina e di antociani all'ammostatura, con maggior esposizione all'ossidazione del mosto.

Tra l'altro con l'aumento delle temperature, si osserva una riduzione delle metossipirazine sui Cabernet e sul Merlot, una riduzione del rotondo sul Syrah, responsabile del profumo di pepe nero, oppure un aumento del TDN[17] a scapito della parte

[16] Moio L. Effetti del cambiamento climatico sull'aroma del vino. 2022. *Vinidea, Masterclass sul Suolo e sugli Stress climatici in vigneto*, Lezione Bonus 3.
[17] TDN: nota idrocarburica ed empireumatica (da Paissoni, Timorasso-Derthona 2024):

- in vigneto aumenta con maggior esposizione alla luce: i carotenoidi da cui deriva vengono sintetizzati in pre-invaiatura e successivamente degradati per via enzimatica e glicosilati (rilascio nel tempo);

aromatica che fa sì che vini come il Riesling invecchino "precocemente". Il cambio climatico rischia di avvicinare queste differenze, quasi con effetto omologante.

Diventerà più raro identificare vini di un territorio, si faranno invece vini tecnicamente perfetti, ma difficilmente riconducibili a un areale perché sono vini che hanno avuto bisogno di essere messi a posto.

Risulta quindi fondamentale ricercare e mantenere l'identità varietale e territoriale, trovare armonia tra suolo e pianta, lavorare su selezioni clonali che vanno nella direzione di piante che mantengono maggiormente l'acidità e il pH.

4.7.6 Agenti esterni[18]

Al momento sappiamo poco se gli aromi vengono traslocati dalle foglie: in modo particolare dalle esperienze nelle zone americane interessate dagli incendi è emerso che l'aroma - odore di fumo è un benzenoide (composto fenolico) che viene assorbito e immagazzinato in forma glicosilata, per poi essere liberato con l'affinamento nel tempo (nelle uve e nei vini giovani non si percepisce). Quindi siamo certi che i fenoli sono

---

- in cantina aumenta:
  - con il tempo di conservazione;
  - con la temperatura di conservazione;
  - con maggior acidità;
  - con la tipologia di chiusura.

Il TDN è un composto idrofobico; può essere assorbito dai materiali idrofobici come le chiusure: tappi sintetici (fino al 98%), sughero naturale (50%), tappi tecnici agglomerati (fino al 70%), meno dai tappi a vite. Anche la posizione (verticale) della bottiglia aumenta lo "scalping".

[18] D'Onofrio C. L'origine viticola degli aromi del vino. Op. cit.

assorbiti dalle foglie e traslocate negli acini; qualcuno dice che lo stesso avviene con gli aromi delle piante officinali, ma non c'è evidenza scientifica.

4.7.7 Le pratiche agronomiche

La qualità delle uve non si fa solo dall'invaiatura in avanti, ma già a partire dal germogliamento: le condizioni ideali favoriscono la sintesi dei composti qualitativi, che si ottengono tra l'altro con una corretta gestione della parate fogliare come la sfogliatura in pre-fioritura o in allegagione e permettono di aumentare il contenuto di composti fenolici in quanto la pianta risente maggiormente dello stimolo luminoso.

La produzione di uva va rapportata alla parete fogliare e una bassa resa con piante poco vigorose consente un maggior accumulo di zuccheri.

Il potassio è funzionale al pH prima nel mosto e poi nel vino; nei bianchi, si può gestire la pressatura e quindi il rilascio del potassio dalle bucce-acino, differentemente dalle uve nere, dove c'è macerazione di tutto e forti consumi di malico. Le uve con valori alti di potassio indicano una scorretta gestione dell'acqua in vigneto (in particolare vicino alla maturazione).

Le sostanze coloranti rispetto ai composti aromatici sono meno sensibili alla luce e alle temperature; quindi quando lavoriamo le uve nere possiamo lavorale su entrambi i lati, differentemente le uve bianche preferibilmente ad est.

I polifenoli raggiungono la concentrazione ideale in concomitanza al plateau degli zuccheri e diventa fondamentale la curva di maturazione per seguire l'andamento poiché se si attende oltre, entrano in azione fattori di degradazione cellulare non positivi.

4.7.8 *La concimazione con l'irrigazione: caso studio Conegliano 2020*[19]

A Conegliano (2020), in un vigneto di Glera con 3.000 piante/ettaro e con impianto di irrigazione, il 30% di azoto era stato somministrato da post-vendemmia e il 60-70% da fioritura a inizio invaiatura (13 g di azoto/pianta per tre volte, circa 40 g di azoto in totale/pianta, in totale 40-45 unità di azoto totale per ettaro) con l'obiettivo di avere sempre una certa attività metabolica per una sintesi sicura di acido malico e tartarico, ma in particolare per rallentare la degradazione dell'acido malico anche attraverso un'attività metabolica che non mutasse la fisiologia della pianta. Questo ha permesso di avere nelle uve 2 g/l di acidità in più (composta da 1-1,5 g di malico e il resto di tartarico) e un 30-35% di amminoacidi in più necessari alla sintesi dei composti aromatici.

Questi risultati sono stati ottenuti grazie alla gestione con l'irrigazione, mentre nel caso di assenza dell'irrigazione, andare con azoto nitrico al terreno non ha avuto buoni risultati; invece sono stati migliori i risultati con trattamenti fogliari in pre-invaiatura con azoto e zolfo per i precursori degli aromi tiolici[20].

---

[19] Bigot G, Tomasi D. Evoluzione della bacca. 2021. 4Grapes, https://www.facebook.com/4grapes.it/videos/

[20] Zolfo e azoto per gli aromi in Colli su Sauvignon B. (2009). La prova ha previsto l'utilizzo di concimi fogliari con azoto (Urea) e zolfo (Photrel di YaraVita) in modalità singola e combinata; 3 trattamenti ogni 10 giorni da pre-invaiatura, rispetto al testimone non trattato:

- la concimazione con solo 3,6 kg/ha di Urea (1,6 N/ha) ha incrementato i livelli del grado zuccherino con valori più elevati di acidità titolabile nel mosto rispetto al testimone non trattato.;
- il trattamento combinato di azoto e zolfo con 3,6 kg/ha di Urea (1,6 N/ha) + Photrel di YaraVita a 2,6 kg/ha (0,96 S/ha), ha incrementato i valori di azoto, manganese e zinco, nonché del rapporto N/K nelle bacche

4.7.9 Il suolo

Uno studio del CNR Firenze presso Barone Ricasoli - su varietà Sangiovese ha mostrato che gli aromi possono essere influenzati dai suoli (Figura 4.3), in particolare da:

- arenarie;
- terrazze fluviali;
- calcare;
- depositi marini;
- altri fattori come il sito di coltivazione (altitudine, esposizione, temperatura dei suoli), la maturazione tecnologica, epoca di vendemmia e dinamiche di fermentazione.

Dalla ricerca emerge che il Sangiovese coltivato su suoli calcarei presenta una concentrazione di aromi liberi più marcata rispetto agli altri suoli, quindi i vini coltivati su calcare dal punto di vista sensoriale sono pronti prima e sono meno longevi perché è come se gli aromi glicosilati vengono liberati prima e non nel corso dell'invecchiamento.

I terreni calcarei in particolare, quando il contenuto di $CaCO_3$ attivo non diventa fattore limitante (superiore al 40%), forniscono i vini migliori, anche perché il calcare concorre a formare una struttura del terreno più porosa. Il calcare non è tendenzialmente favorevole alla sintesi degli antociani e ciò è avvalorato dalla conoscenza pratica che i terreni bianchi e calcarei sono più indicati per i vitigni a bacca bianca, mentre i terreni scuri per i vitigni a bacca rossa.

---

rispetto alle altre tesi; inoltre ha presentato il miglior patrimonio aromatico dei tioli, tipici del Sauvignon come pesca, pompelmo, ribes vegetale e urina di gatto.

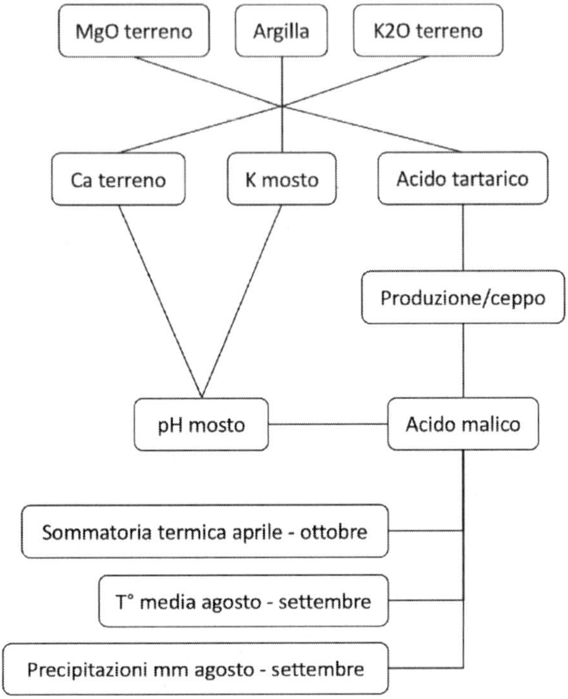

Figura 4.3 - Caratteristiche del terreno che influenzano l'uva e il mosto

Con un contenuto di calcare attivo ad alti livelli, si riscontra anche un elevato contenuto di polifenoli totali e una riduzione degli antociani. In generale, il pH acido del terreno è favorevole al colore rosso delle bacche e all'assorbimento dei microelementi. Nonostante ciò, il colore dei vini rossi dipende dagli antociani, mentre i polifenoli di basso peso molecolare cooperano alla formazione di vini che maturano presto (di pronta beva).

Sempre dalla ricerca emerge che depositi marini, terrazzi fluviali e arenarie forniscono un accumulo inferiore di aromi liberi: 220 ng/l circa con calcare, 180 ng/l circa con depositi marini, 160 ng/l circa con terrazze fluviali e 150 ng/l circa per arenarie. Per gli aromi glicolisati, parliamo di circa 4.400 ng/l per depositi marini, 4.200 ng/l circa per arenarie, 4.000 ng/l circa per terrazze fluviali e sotto 4.000 ng/l per calcare.

Complessivamente il totale degli aromi varietali delle uve diminuisce all'aumentare della capacità di scambio cationico (CSC) (il top è circa 14 a ridursi ai 22 di CSC), anche all'aumentare della fertilità di un terreno e della vigoria si riduce la composizione aromatica, in particolare della sintesi dei norisoprenoidi (ma anche dei monoterpeni) che all'inizio sappiamo hanno bisogno di tanta luce (perché stimola la biosintesi dei monoterpeni e dei carotenoidi che poi originano i norisoprenoidi).

Sembrerebbe che ci sia anche una tendenza ad avere un aumento della concentrazione degli aromi all'aumentare della percentuale di sabbia all'interno del terreno (da un minimo del totale di aromi varietali con il 20% di sabbia ad un massimo con quasi il 60% di sabbia), probabilmente legato allo stress idrico (acini più piccoli con aromi più concentrati).

Sono state anche misurate le influenze delle temperature medie durante la formazione dell'acino (dall'allegagione alla vendemmia): si evidenzia che i monoterpeni si degradano all'aumentare della temperatura media e quindi anche all'aumentare dell'indice di Winkler (es aumento della temperatura media da 16,8 °C a 17,8 °C e dell'indice di Winkler[21] da 1.800 a 2.010, c'è riduzione dei composti aromatici).

Invece per i benzenoidi (fenoli) abbiamo visto che c'è correlazione positiva con il potassio scambiabile (la disponibilità aumenta da 110 ppm a 145-150 ppm di K scambiabile), quin-

[21] L'indice di Winkler (WI) è la somma delle temperature medie giornaliere dell'aria al di sopra dei 10 °C, calcolata dal 1° di aprile al 31 ottobre nell'emisfero Nord.

di maggior potassio corrisponde a maggior produzione di benzenoidi nelle uve Sangiovese.

4.7.10 I microrganismi negativi[22]

Il peso medio dell'acino aumenta particolarmente nelle annate più fresche e piovose: questo comporta un rischio di compattamento del grappolo e di sanità delle uve, in particolare con pareti poco arieggiate o in condizioni favorevoli alla presenza della tignola.

In caso di sviluppo di botrite, si creano dei problemi a causa della modifica di alcune caratteristiche organolettiche delle uve, ma anche per la presenza di un enzima ossidasico, la laccasi. Questa è solubile, quindi dall'uva si ritrova anche nel mosto e nel vino, e agisce sugli antociani.

Questo enzima, avendo una struttura bassamente proteica, si può controllare agendo sulle proteine, ad esempio tramite un trattamento caldo o con l'aggiunta di qualche grammo di tannino più aggressivo.

Invece il marciume acido è una modificazione compositiva del frutto dovuta allo sviluppo precoce sulle ferite dell'acino di lieviti e batteri; è quindi una sorta di fermentazione - acidificazione che avviene sul grappolo e questo tipo di contaminazione viene trattata in vinificazione con anidride solforosa. Quindi diventa fondamentale il monitoraggio sanitario, insieme al campionamento delle uve, anche per verificare se la sensibilità del vigneto è sempre la stessa (Box 4.1).

---

[22] Bigot G, Menotti G. Maturazione delle uve a bacca bianca. 2020. 4Grapes, https://www.facebook.com/4grapes.it/videos/303968717683451.

Il campionamento dell'uva

Bisogna sempre distinguere tra un campionamento ai fini aziendali e quello ai fini statistici per definire delle analisi generali e stagionali.
Per quanto riguarda un campionamento ai fini statistici, se possibile, ripetere il campionamento sul filare o sui filari già segnati negli anni precedenti (nel caso sia la prima volta segnare il filare), iniziando sempre la raccolta dei racimoli selezionandoli in una zona media del filare (non in fondo, non sul crinale, non in cima).
Ipotizzando di raccogliere una media 300 acini per campionatura, dobbiamo staccare circa 60 racimoli (con 5-6 acini per racimolo), con le seguenti modalità:

- parte esposta: 30-40 racimoli totali, di cui 25-30 racimoli parte alta o mediana del grappolo + 5-10 racimoli parte bassa del grappolo;
- parte meno esposta: 20-30 racimoli totali, di cui 15-20 racimoli parte alta/mediana del grappolo + 5 racimoli parte bassa del grappolo.

Materiale necessario: sacchetti plastificati, etichette adesive, pennarello, forbici.

Box 4.1 – Note sul campionamento dell'uva

CAPITOLO CINQUE

Flavescenza dorata in Piemonte

La Flavescenza dorata[1] è la malattia più grave che colpisce la vite ed è causata da fitoplasmi; rientra nella categoria dei "giallumi" e causa infezioni epidemiche.

È una malattia da quarantena, per cui sia a livello europeo sia nazionale ci sono piani di prevenzione e controllo del fitoplasma; questi si articolano in regolamenti europei, ordinanze nazionali di lotta obbligatoria, linee guida, e progetti di ricerca, sensibilizzazione e formazione.

La Flavescenza dorata si è manifestata per la prima volta in Europa negli anni '60 in Francia, poi negli anni '90 in Veneto e nel 1998 nel basso Piemonte, da dove si è progressivamente diffusa negli areali circostanti; l'introduzione accidentale dal nord America dello *Scaphoideus titanus* ha permesso la propagazione del fitoplasma autoctono.

[1] Gotta P, Morone C. Flavescenza dorata. La situazione in Piemonte, gli interventi e i trattamenti utili. 2022. *Agricoltura. Quaderni della Regione Piemonte,* 103, 21-28.

5.1 Fitoplasmi[2]

I fitoplasmi sono batteri privi di parete cellulare che vivono nel floema[3] delle piante ospiti (Figura 5.1), dove possono cambiare forma e adattarsi alle variazioni di dimensioni dei vasi floematici. Questa caratteristica li ha resi fino a pochi anni fa non coltivabili *in vitro*, rendendo così il loro studio difficoltoso; la pratica tutt'ora più diffusa rimane il mantenimento in pianta e in insetto.

Per difendersi dal microrganismo estraneo, la pianta produce uno zucchero, il callosio, che si deposita in forma di cristalli nel floema, impedendo il corretto flusso della linfa. I fitoplasmi vengono trasmessi principalmente tramite un insetto vettore oppure, in percentuale non rilevante, attraverso l'innesto.

Alcuni fitoplasmi possono influenzare i livelli ormonali della pianta, abbassandone le difese e rendendola più appetibile all'insetto.

Il fitoplasma responsabile della Flavescenza dorata è originario dell'Europa, ma in assenza di un insetto vettore in grado di trasmetterlo efficacemente, non ha mai rappresentato un problema epidemico. Erano presenti insetti autoctoni che potevano infettarsi e trasmettere occasionalmente il fitoplasma da piante arboree o arbustive a vite, ma non vivendo su quest'ultima, non erano in grado di trasmettere all'interno del vigneto.

Nella seconda metà dell'800, a causa dei problemi con la fillossera della vite, è aumentata esponenzialmente la movimentazione di materiale vegetale: è stato supposto che, insie-

[2] https://www.youtube.com/watch?v=vHxwW92UA-Q

[3] Floema: è posto all'esterno del sistema linfatico e trasporta i fotosintetati dai luoghi di produzione a quelli di accumulo (linfa elaborata - dall'alto verso il basso)

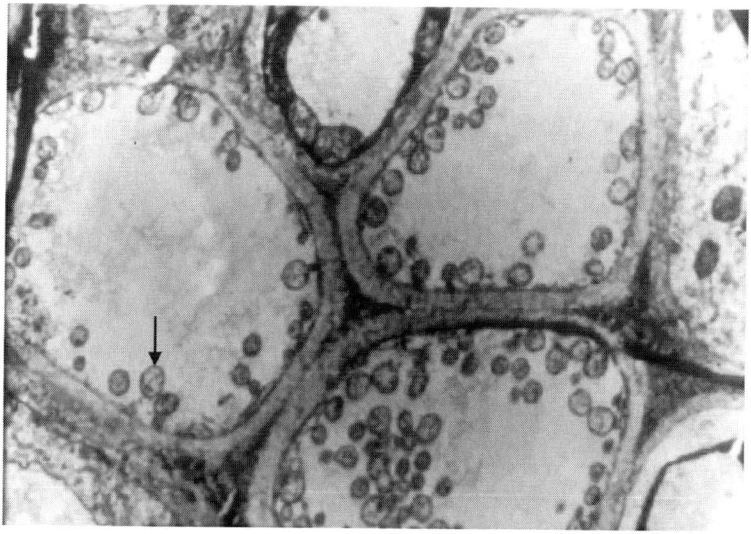

Figura 5.1 – Fitoplasmi (indicati con la freccia) nelle cellule del floema

me alla vegetazione, sia stata introdotta in Europa la cicalina *Scaphoideus titanus*, che è diventata il vettore del fitoplasma di Flavescenza dorata.

In seguito all'aumento della diffusione di questa fitopatia, sono stati identificati due ceppi di fitoplasmi: FD-C e FD-D. Sulla base delle analisi dei geni *map*, sono stati ulteriormente identificati i gruppi FD-1 e FD-3, riconducibili a FD-C, e il gruppo FD-2, riconducibile invece a FD-D.

È da evidenziare che i due ceppi di fitoplasma sono diffusi in areali geografici diversi: FD-C si ritrova prevalentemente nell'area balcanica e dell'Est Europa, mentre il ceppo FD-D è localizzato nel Nord Italia e in Europa occidentale (Figura 5.2).

La diagnosi della Flavescenza dorata avviene tramite metodi molecolari, che permettono di identificare i differenti ceppi e studiare l'evoluzione delle epidemie.

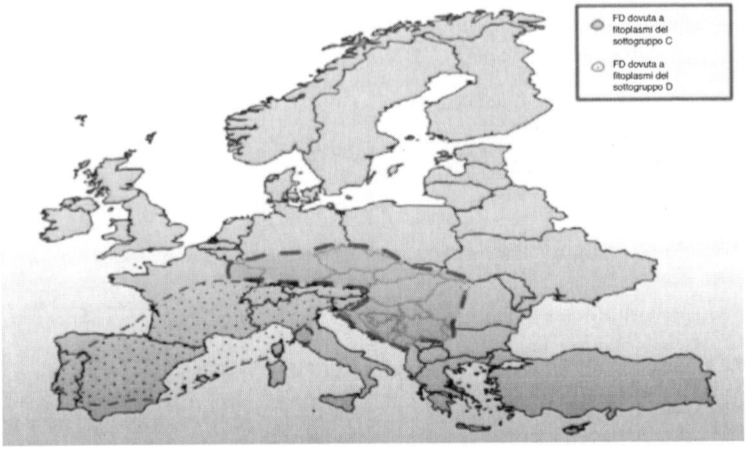

Figura 5.2 - Diffusione del fitoplasma della Flavescenza dorata in Europa. Fonte: https://www.youtube.com/watch?v=vHxwW92UA-Q

5.2 Insetto vettore[4]

Scaphoideus titanus è un cicadellide originario del Nord America che ha una sola generazione all'anno e svolge tutto il ciclo vitale sulla vite: le uova vengono deposte sotto il ritidoma del ceppo o dei tralci di viti di almeno due anni di età, i giovani vivono sulle foglie di polloni e tralci basali e l'adulto si trova sulla chioma, su cui si alimenta e si riproduce; non c'è trasmissione del fitoplasma da adulto a uovo. Da recenti studi è emerso che lo scafoideo può occasionalmente deporre le uova anche su tralci di 1 anno.

L'insetto è stato inizialmente ritrovato in Francia nel 1958, in Italia nel 1963 (Liguria di Ponente) e poi in Svizzera, per

[4] Albertin I, Bosio G, Gotta P, Morone C. La flavescenza dorata e il legno nero della vite. 2007. *Provincia di Asti.*

poi diffondersi in Europa. A causa del cambiamento climatico, l'insetto sta trovando condizioni favorevoli anche fuori dall'area conosciuta.

Figura 5.3 – Scansionare il QR Code per visualizzare gli stadi di crescita di *Scaphoideus titanus*. Fonte: https://www.oataitalia.it/flavescenza-dorata-i-nuovi-strumenti-per-combatterla/

L'insetto sverna allo stadio di uovo, la cui schiusa avviene in maniera scalare dal mese di maggio fino all'inizio di luglio, con il picco nella prima metà di giugno; ci sono 5 stadi giovanili (2 di neanide + 3 di ninfa, Figura 5.3), ognuno dei quali dura 7-10 giorni in Piemonte, e tra la fine di giugno e l'inizio di luglio si osserva l'inizio della comparsa della fase adulta (Figura 5.4). L'insetto si osserva fino alla prima decade di ottobre.

Le prime due età sono di color bianco traslucido, con le mute successiva cambiano aspetto; le neanidi e le ninfe di scafoideo si distinguono facilmente dalle altre cicaline della vite (*Metcalfa, Zygina* ed *Empoasca*) per le due macchie nere all'estremità dell'addome.

Gli stadi ninfali hanno elevata predisposizione al salto, mentre l'adulto è in grado di volare, ma tende ad effettuare voli brevi, entro alcune centinaia di metri; occasionalmente può arrivare a spostarsi anche di 2 km per raggiungere viti su cui nutrirsi.

5.2.1 Vettori alternativi

La ricerca scientifica riporta al 2023 l'indagine su altri vettori del fitoplasma della Flavescenza dorata; a quanto risulta dalla documentazione elaborata, l'unico vettore alternativo a *Scaphoideus titanus* effettivamente in grado di trasmettere da vite a vite è *Orientus ishidae* ma risulta anche un visitatore occasionale della vite. Molti altri insetti sono in grado di acquisire con successo il fitoplasma, ma non possono però trasmetterlo[5].

Orientus ishidae, anche detta cicalina a mosaico, è originaria dell'Asia ed è risultata positiva ai fitoplasmi del gruppo 16SrV-C e -D. L'introduzione in Europa è avvenuta nel 1998 in Svizzera e nel Nord Italia. Sverna in stadio di uovo, anche su vite, e compie una sola generazione all'anno. È una specie polifaga che può completare il ciclo vitale su molte specie arboree, sia selvatiche sia coltivate. Le ninfe sono ritrovabili dalla fine di maggio alla fine di luglio, mentre gli adulti si osservano dall'inizio di luglio fino a fine agosto. È noto che sia le ninfe sia gli adulti sono in grado di trasmettere il fitoplasma della Flavescenza dorata[6].

Figura 5.4 – Scansionare il QR Code per visualizzare *Scaphoideus titanus*

[5] Lucchi Andrea, Alma Alberto. Scaphoideus titanus: ruolo epidemiologico, monitoraggio e possibilità di intervento. 2022. *Incontro tecnico del Settore Fitosanitario della Regione Toscana.*

[6] Lessio F, Picciau L, Gonella E, Mandrioli M, Tota F, Alma A. The mosaic leafhopper Orientus ishidae: host plants, spatial distribution, infectivity, and transmission of 16SrV phytoplasmas to vines. 2016. *Bulletin of Insectology,* 69 (2), 277-289.

Sono noti altri insetti vettori definiti occasionali (o secondari) in quanto non compiono tutto il ciclo vitale su vite, ma se ne nutrono sporadicamente; fra questi ci sono *Dictyophora europaea*, *Allygus spp* e *Oncopsis alni*.

Dictyophora europaea è stato riconosciuto come vettore occasionale di Flavescenza dorata nel 2009: sappiamo che depone le uova nel suolo e gli stadi giovanili entrano in contatto con le viti raramente; è in grado di acquisire il fitoplasma esclusivamente da *Clematis vitalba,* ma è noto che dall'esperienza al 2023 in Piemonte, i ceppi di fitoplasma ritrovati nell'infestante non sono stati ritrovati in vite.

5.3 Trasmissione dei fitoplasmi[7]

I fitoplasmi richiedono un insetto vettore affinché possano essere trasmessi da una pianta all'altra. L'insetto acquisisce il fitoplasma nutrendosi su vite e in questo modo si infetta; lo rimane poi per tutta la vita e non necessita di nutrirsi nuovamente su piante infette per mantenere la carica batterica. Il fitoplasma, una volta ingerito, si moltiplica nell'intestino e si muove all'interno dell'insetto per raggiungere le ghiandole salivari. In questo modo, durante l'alimentazione su una nuova pianta, l'insetto inocula il fitoplasma nella pianta sana, a cui seguirà la colonizzazione dei vasi floematici.

Secondo il paradigma classico, *Scaphoideus titanus* si infetta nelle fasi giovanili e richiede 28-35 giorni affinché l'insetto sia infettivo e quindi in grado di trasmettere; una volta raggiunto lo stadio adulto, il maschio vive mediamente 30 giorni, men-

[7] https://www.youtube.com/watch?v=vHxwW92UA-Q

tre la femmina 40. Recenti approfondimenti scientifici hanno permesso di conoscere alcune caratteristiche importanti, in particolare:

- non solo i giovani acquisiscono il fitoplasma, ma anche l'adulto;
- il periodo di latenza, cioè il tempo che trascorre tra l'acquisizione del fitoplasma e il momento in cui l'insetto è in grado di trasmettere, è di soli sette giorni nell'adulto;
- la vita media degli adulti si è allungata a 50-70 giorni;
- il numero medio di uova deposte da una femmina è aumentato da 12 a 73.

Da questi dati pare evidente come a fine estate, quando con l'avvicinarsi della vendemmia vengono interrotti i trattamenti insetticidi, la presenza di vegetazione infetta in vigneto rappresenta un grave problema per la diffusione di Flavescenza dorata. Infatti è stato osservato che il titolo maggiore di fitoplasma nelle piante si trova a settembre, quando la presenza dei giovani è praticamente nulla, mentre rimane quella degli adulti. Per questo motivo è fondamentale togliere la vegetazione sintomatica che contiene il fitoplasma nel periodo estivo; in questo modo si evita la diffusione della malattia.

5.4 Sintomi

I sintomi della Flavescenza dorata sono dovuti a variazioni degli equilibri ormonali, al blocco del flusso floematico e alla riduzione delle riserve di carboidrati. Dopo l'infezione, la pianta impiega circa un anno a manifestare i sintomi, ma può arrivare anche fino a 2-3; in questo lasso di tempo, la pianta rappresenta una fonte di inoculo. Nelle ultime stagioni, sembrerebbe che i sintomi si esprimano molto più rapidamente rispetto al paradigma classico.

I sintomi sono molto simili tra le varietà, ma si differenziano in base al momento della stagione, infatti generalmente in primavera la Flavescenza dorata si manifesta con[8]:

- stentato germogliamento del capo a frutto;
- eccessiva emissione di polloni;
- internodi corti e con andamento a zig-zag;
- foglie bollose per ridotto sviluppo delle nervature;
- angolo di inserzione della lamina fogliare sul picciolo acuto;
- disseccamento delle infiorescenze;
- imbrunimento della corteccia nella parte a contatto con il legno.

In estate, dopo la chiusura del grappolo, si manifestano:

- ingiallimenti o arrossamenti fogliari;
- lignificazione incompleta e irregolare del tralcio;
- appassimento totale o parziale dei grappoli;
- ispessimento e ripiegamento verso il basso della lamina fogliare.

Ad esempio, fra i sintomi che contraddistinguono le varietà a bacca bianca come il Cortese ci sono:

---

[8] Ermacora P, Osler R. 2019. Symptoms of Phytoplasma *Disease. In: Musetti R., Pagliari L. (eds) Phytoplasmas. Methods in Molecular Biology, Humana Press, New York, NY,* 1875, 53-67.

- ingiallimento delle nervature;
- disseccamento delle infiorescenze;
- tralci non lignificati, molli e di color verde metallico;
- internodi corti.

Per quanto riguarda la varietà a bacca rossa come il Barbera, fra i sintomi più rappresentativi ci sono:

- ripiegamento verso il basso della foglia, a triangolo;
- ispessimento della lamina fogliare;
- disseccamento dei grappoli e delle infiorescenze, a partire dalla pre-fioritura;
- appassimento dei grappoli già formati, fino al periodo di maturazione;
- mancata lignificazione dei tralci, che restano gommosi e di colore verde-grigiastro.

5.4.1 Sensibilità delle cultivar

I vitigni hanno differente suscettibilità alle infezioni da Flavescenza dorata. È stato osservato che le cicaline isolate su alcune cultivar come il Moscato, sopravvivono meno a lungo rispetto a quelle confinate su altri vitigni. Inoltre, l'insetto si nutre in maniera prolungata su Barbera, mentre su Brachetto e Moscato i tempi di alimentazione sono più contenuti, come la quantità del fitoplasma che si ritrova nei vasi floematici[9].

Il Tocai friulano ha dei meccanismi che riescono a compartimentare il fitoplasma nei tralci sintomatici tramite l'accumu-

[9] https://www.youtube.com/watch?v=vHxwW92UA-Q

lo di polifenoli in quelli adiacenti e non sintomatici.

Le differenti cultivar hanno tratti genetici di resistenza a Flavescenza dorata: questi si possono selezionare in zone ad alta pressione infettiva al fine di fare incroci con altre cultivar per trasmettere tali geni. Ci sono alcuni vigneti sperimentali con viti che derivano da incrocio di Chardonnay x Tocai per identificare i geni di resistenza al fitoplasma, mentre con Chardonnay x Moscato bianco si ricercano quelli di "resistenza all'insetto".

Figura 5.5 – Scansionare il QR code per visualizzare le fotografie dei sintomi

5.5 Misure di contenimento[10]

Per il contenimento della Flavescenza dorata, il Regolamento di esecuzione (UE) 2022/1630 della Commissione del 21 settembre 2022 e l'Ordinanza Ministeriale n. 4 del Direttore del Servizio Fitosanitario Centrale del 22 giugno 2023 recante "Misure fitosanitarie d'emergenza per il contrasto di *Grapevine Flavescence dorée phytoplasma* atte ad impedirne la diffusione nel territorio della Repubblica italiana" (G.U. del 12 agosto 2023, n. 188) stabiliscono le misure per il contenimento di *Grapevine Flavescence dorée phytoplasma* all'interno di aree delimitate e si articolano quattro punti:

[10] http://www.regione.piemonte.it/repository/agri/leggi/allegato_796.pdf

- eliminazione della vegetazione con sintomi ed estirpazione delle piante nei vigneti in coltivazione;
- vigneti abbandonati e viti inselvatichite;
- azione sul territorio;
- controllo dell'insetto vettore.

Per quanto riguarda i vigneti abbandonanti, che vengono definiti come appezzamenti di terreno in cui la vite è la specie botanica predominante, seppur non più curata, in cui sono ancora presenti i filari, ma si osserva un notevole aumento di vegetazione spontanea indesiderata, è obbligatorio l'estirpo di tutte le viti. Un vigneto non più coltivato rappresenta una fonte di inoculo e in caso di inadempienza alla normativa da parte del conduttore, si può procedere a segnalare la criticità al Settore Fitosanitario Regionale. In Piemonte, in base alla L. R. 1/2019, i vigneti abbandonati da più di 2 anni possono essere assegnati a soggetti terzi.

Nel caso di presenza di viti inselvatichite, la normativa impone l'eliminazione dai terreni agricoli e non, possibilmente nel periodo invernale, in modo da asportare le uova dell'insetto vettore presenti nei tralci.

Viste le variazioni nella dinamica di popolazione dell'insetto, dovute con molta probabilità anche ai cambiamenti climatici, risulta evidente la necessità di rivedere le strategie di lotta obbligatoria del vigneto: spingere verso una gestione integrata del vigneto e modificare i momenti di applicazione degli insetticidi per aumentarne l'efficacia.

Nell'ottica di una lotta sostenibile alla Flavescenza dorata e al suo insetto vettore, è stato creato a livello sperimentale uno strumento che emette vibrazioni in grado di disturbare l'accoppiamento delle cicaline, che è stato in grado di impedire l'80% delle riproduzioni in vigneto.

Oltre all'utilizzo di insetticidi, è da valutare attentamente l'ambiente circostante per ridurre al minimo la resistenza ecologica comportamentale: i trattamenti vengono effettuati in vigneto, ma se l'insetto trova vegetazione favorevole su cui spostarsi nelle aree circostanti, l'insetticida risulterà meno efficace.

5.5.1 I monitoraggi dell'insetto vettore

I monitoraggi di *Scaphoideus titanus* rappresentano uno dei principali strumenti per definire le strategie di lotta: permettono di valutare la presenza del vettore per agire tempestivamente per il suo contenimento. Affinché i monitoraggi siano accurati ed efficaci, si deve iniziare con la ricerca delle forme giovanili, tra maggio e giugno, per individuare la data per il primo trattamento insetticida obbligatorio.

Il protocollo messo a punto dall'Università di Torino-DiVaPRA Entomologia agraria prevede l'osservazione di 5 foglie per pianta in prossimità del ceppo; in base alla popolazione dell'insetto, si dovranno osservare da alcune centinaia a poche decine di piante (Allegato 1.1). Zone fresche e con abbondanti polloni o erba alta favoriscono le osservazioni.

Per quanto riguarda gli adulti, vista la maggiore mobilità, si utilizzano trappole cromotropiche adesive gialle che attirano e catturano l'insetto: non sono per la cattura massale, ma solo indicative della presenza. Di queste ne vanno applicate tre su una superficie massima di un ettaro: una va disposta al centro e due ai bordi del vigneto, al fine di creare una diagonale nel vigneto che consente di monitorare tutti i lati e identificare eventuali punti di ingresso. Vengono poste sulla spalliera, all'altezza della fascia a grappoli e devono essere sostituite mediamente ogni 15 giorni; sono utilizzate per verificare l'efficacia dei trattamenti insetticida e l'eventuale reingresso dall'esterno in vigneto.

5.5.2 Lotta obbligatoria[11]

Il contenimento della Flavescenza dorata passa attraverso l'eliminazione della vegetazione sintomatica e la lotta all'insetto vettore con l'utilizzo di insetticidi. Essendo una malattia da quarantena, i trattamenti insetticidi sono obbligatori al 2024; l'Ordinanza nazionale prevede almeno due somministrazioni per i vigneti convenzionali e integrati, mentre per quelli biologici sono previsti due trattamenti a base di piretro, che non devono assolutamente essere effettuati nel periodo della fioritura.

Per una buona riuscita del trattamento, è necessario:

- procedere con cimature e sfoltimento della vegetazione 2-3 giorni prima per escludere la presenza di germogli ricadenti nell'interfilare o a terra;
- sfalciare con almeno due giorni di anticipo la vegetazione tra i filari per rimuovere fioriture spontanee e preservare api e insetti pronubi;
- eliminare almeno tre giorni prima del trattamento i polloni, in modo da abbattere le forme giovanili in risalita sulla pianta;
- verificare il buon funzionamento dell'attrezzatura impiegata per il trattamento;

[11] Gotta P, Morone C. Flavescenza dorata. La situazione in Piemonte, gli interventi e i trattamenti utili. Op. cit.

- rispettare le prescrizioni d'uso;
- evitare miscele con altri prodotti;
- effettuare un'accurata bagnatura fogliare di tutta la vegetazione;
- evitare di trattare in presenza di vento per escludere l'effetto deriva.

Fra i principali problemi nell'uso degli insetticidi, ci sono i possibili effetti off-target, soprattutto nei confronti degli impollinatori, l'effetto cancerogeno sull'uomo e gli effetti dannosi all'ecosistema. Per questi motivi, alcune molecole con elevato potere abbattente su *Scaphoideus titanus* sono stati ritirati dal mercato; fra questi, c'è il Thiametoxan (bandito nel 2018), che agiva bloccando l'attività di nutrizione dell'insetto.

I trattamenti insetticidi devono essere effettuati anche nei nuovi impianti, con le stesse modalità previste per i vigneti già avviati. È da tener presente che il portamento prostrato delle barbatelle al primo anno crea un ambiente favorevole alla cicalina e che rende più complicata la corretta distribuzione del prodotto.

Per aumentare l'efficacia, è necessario che i trattamenti vengano effettuati tempestivamente e il più possibile in contemporanea tra tutti gli appezzamenti per ridurre al minimo la superficie in cui lo scafoideo può trovare rifugio ed essere serbatoio di reinfestazione; la presenza di vigneti abbandonati o non trattati nei pressi di quello trattato riduce notevolmente l'efficacia del trattamento.

Un problema da considerare è la presenza di residui di insetticidi nel vino: non sono state osservate differenze tra i diversi processi di macerazione, ma dipendono soprattutto da epoca di impiego, andamento meteorologico e caratteristiche specifiche dei formulati.

5.5.3 Rimozione della vegetazione infetta[12]

Le viti infette rappresentano una fonte di inoculo per l'insetto vettore, che è in grado di diffondere l'infezione in tutto il vigneto. Per questo motivo è necessario eliminare tempestivamente la vegetazione sintomatica, al fine di ridurre le probabilità che l'insetto ha di infettarsi; il periodo ideale per questa operazione è quello immediatamente successivo al trattamento insetticida, rispettando i tempi di carenza dei principi attivi utilizzati, al fine di evitare che gli insetti presenti sulla pianta infetta si spostino su un'altra in seguito al disturbo provocato, andando così a contagiarla.

La pianta potrà tornare a vegetare e a ricacciare tralci infetti, per cui deve essere rimossa al fine di evitare ulteriore diffusione del fitoplasma e quindi salvare il vigneto. La vite dovrà essere estirpata, facendo particolare attenzione che non rimangano porzioni di pianta da cui potrà germogliare nuovamente. Il fusto dovrà essere allontanato per rimuovere eventuali uova del vettore.

Come accennato in precedenza, da recenti ricerche è emerso che lo scafoideo depone le uova anche su tralci di un anno, per cui sarebbe buona pratica asportare i residui di potatura dal vigneto; molto importante non accumularli ai bordi dell'appezzamento in quanto i giovani che nascono da questi ricercano attivamente viti verdi per nutrirsi. Inoltre i cumuli di tralci favoriscono nel tempo l'insediamento di vite inselvatichita ai bordi del vigneto, che potrebbero ospitare il fitoplasma. In passato venivano bruciati, ma in molte zone questa pratica non è più attuabile a causa dell'inquinamento dell'aria; alternative

---

[12] https://www.youtube.com/watch?v=vHxwW92UA-Q.

più sostenibili prevedono l'utilizzo di apposite presse che producono rotoballe legnose che possono essere usate per il riscaldamento domestico oppure per produrre cippato, che potrà essere anche reintrodotto come compost in vigneto. Questa pratica, al contrario della trinciatura, sminuzza finemente i residui legnosi per cui si riduce notevolmente il rischio di sopravvivenza delle uova; attualmente non ci sono abbastanza dati per sconsigliare la trinciatura, seppur risulti evidente che la dimensione dei residui potrebbe facilmente garantire l'integrità delle uova.

Qualora il numero di viti sintomatiche per appezzamento (o una parte di esso) superi il 20% delle piante vive presenti, ai sensi dell'Ordinanza n. 4 del 22/06/2023, l'appezzamento deve essere estirpato.

5.6 Gli insetticidi[13]

Nell'ambito dei progetti per la lotta alla Flavescenza dorata, in diverse Regioni, il Servizio Fitosanitario ha effettuato prove sull'efficacia degli insetticidi attualmente in commercio[14].

Da questi, è emerso che i principi attivi attualmente consentiti hanno un'efficacia che varia tra il 50 e il 90% (Tabella 5.1); queste molecole sono molto più specifiche rispetto a quelle usate in passato al fine di non agire su off-target. È stato inoltre evidenziato che le molecole attualmente utilizzate hanno una ridotta attività sistemica (Figura 5.6), per cui è comunque necessario colpire l'insetto con il prodotto per poter avere effetto:

[13] https://www.youtube.com/watch?v=Q28f9o4sJT8.
[14] Al 30-6-2024.

Tabella 5.1 – Efficacia abbattente e residuale dei principali insetticidi registrati e in uso al 2023 contro le forme giovanili di Scaphoideus titanus*

Sostanza attiva	Gruppo chimico	Efficacia % abbattente	Efficacia % residuale
Acrinatrina, Deltametrina, Tau-fluvalinate	piretroidi	96-100	88-100
Etofenprox	piretoidi	67-100	82-100
Acetamiprid	fenossibenzileteri	54-88	62-100
Flupyradifurone	butenolidi	60-99	66-99
Sulfoxaflor	sulfoximine	n.d.	n.d.
Azadiractina	prodotti naturali	38-80	n.d.
Pietrine pure	prodotti naturali	59-74	24-70
Olio di arancio dolce	oli vegetali	0-30	n.d.
Sali potassici di acidi grassi	sali potassici di acidi grassi	10-47	n.d.
Beauveria bassiana (ceppo ATCC 74040)		0-24	20-52

* *https://www.youtube.com/watch?v=vHxwW92UA-Q*

se si colpisce solo la pianta, il vettore che se ne nutre non assorbe l'insetticida alimentandosi. Per tale motivo, al momento del trattamento, è da considerare anche la biologia della cicalina: ad esempio, trattare poco dopo una pioggia non avrà effetto contro i giovani perché le gocce d'acqua li fanno cadere dalle foglie e impiegano alcuni giorni per risalire sulla vegetazione.

Considerati questi aspetti, risulta evidente l'importanza di somministrarli nella maniera corretta, in modo da massimizzare la loro azione: la distribuzione deve avvenire nelle ore più fresche, in tutti i filari, con velocità di avanzamento adeguata, bagnando bene tutta la vegetazione, per cui sono necessari volumi d'acqua sufficienti, che spesso differiscono da quelli utilizzati per altri trattamenti, infatti la distribuzione in miscela deve essere attentamente valutata.

Le prove effettuate dal Settore Fitosanitario Regionale Toscano hanno evidenziato come i piretroidi quali deltametrine, etofenprox, tau-fluvalinate siano più efficaci rispetto a molecole sistemiche quali acetamiprid, flupyredifurone e sulfoxaflor; sono però stati evidenziati effetti collaterali su acari fitoseidi.

È stato osservato che gli insetticidi sistemici diffusi attualmente, come acetamiprid e flupyredifurone, quando somministrati sulla chioma, hanno una ridotta efficacia dovuta ad un assorbimento scarso; al contrario, sui succhioni, probabilmente a causa della maggiore attività metabolica, l'efficacia è maggiore.

Sono state anche valutate le diverse modalità di somministrazione: l'efficacia del prodotto è risultata inferiore nel caso di atomizzatori a recupero rispetto a quelli convenzionali. Al momento del trattamento insetticida, un ruolo rilevante è rivestito dal grado di copertura fogliare: l'insetto si trova soprattutto sulla pagina inferiore delle foglie nella parte più interna della chioma,

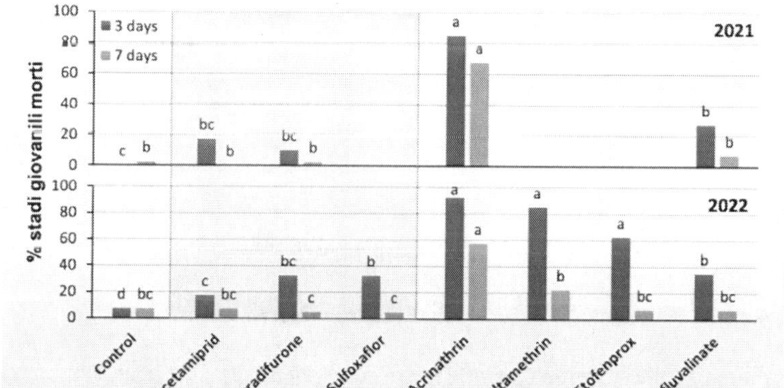

Figura 5.6 – Attività residuale sulle forme giovanili dei principali insetticidi in uso al momento su *Scaphoideus titanus*. Fonte: https://www.youtube.com/watch?v=Q28f9o4sJT8

per cui le molecole che agiscono per contatto hanno maggiori difficoltà nel raggiungere il vettore. È stato osservato che gli atomizzatori a recupero difficilmente riescono a irrorare le parti più interne della chioma e quindi a garantire un grado di bagnatura fogliare sufficiente ad abbattere l'insetto. Questo problema si accentua ulteriormente in vigneti molto vigorosi o allevati a cordone speronato in quanto spesso presentano una vegetazione molto densa.

5.6.1 Tossicità degli insetticidi[15]

I principi attivi degli insetticidi sono stati divisi in tre classi tossicologiche basate sulla DL50, cioè la dose in grado di uccidere il 50% di una popolazione esposta alla sostanza. Ogni prodotto ha quindi un grado di tossicità definibile "alto", "medio" o "basso".

I principi attivi sono distinti in base alla loro persistenza: questa si distingue in base al valore DT50, cioè il tempo necessario affinché la concentrazione della sostanza attiva scenda al 50% della quantità applicata. In caso il DT50 sia superiore a 15 giorni, si definisce persistente, al contrario la molecola è non persistente.

La classificazione basata esclusivamente sulla DL50 può risultare però incompleta in quanto una dose non letale può comunque avere effetti subletali sugli insetti, in particolare sugli impollinatori (Tabella 5.2). In tal caso, si possono osservare variazioni comportamentali nell'attività di bottinamento, nell'orientamento e nella comunicazione tramite la danza. È

[15] https://www.informamiele.it/tabelle-tossicita.

Tabella 5.2 – Livello di tossicità per le api delle sostanze utilizzate contro *S. titanus**

Sostanza attiva	Tossicità per le api	Biologico
Acetamiprid	media	NO
Acrinatrina	alta	NO
Azadiractina (olio di Neem)	media	Sì
Etofenprox	alta	NO
Flupyradifurone	media	NO
Olio essenziale di arancio dolce	bassa	Sì
Piretrine	alta	Sì
Sali potassici degli acidi grassi	n.d.	Sì
Tau-Fluvalinate	media	NO

* *https://www.informamiele.it/tabelle-tossicita*

stato osservato che queste alterazioni sono causate da variazioni dell'espressione genica.

5.6.2 Insetticidi biologici

Nei vigneti biologici, non è possibile utilizzare insetticidi di sintesi, per cui l'unico che ha dimostrato buona efficacia è il piretro naturale (Figura 5.7). È estratto da *Chrysantemum cinerariefolium* e ha attività abbattente, con rapida azione sul sistema nervoso dell'insetto; la sua persistenza si riduce però molto rapidamente con l'aumentare della temperatura e la presenza di elevata luminosità. Spesso vengono commercializzati in miscela con sostanze ad azione sinergica per aumentarne l'efficacia, nonostante ciò è fortemente consigliato trattare a fine giornata o dopo il tramonto, per aumentare il periodo di attività della molecola.

Fra le buone pratiche che permettono di migliorare l'efficacia del prodotto, c'è l'acidificazione dell'acqua.

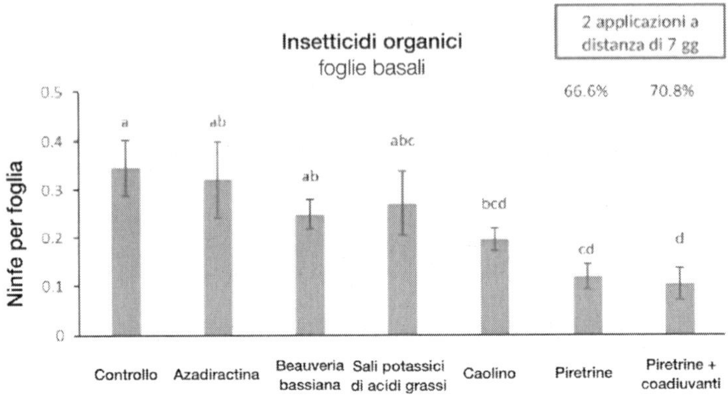

Figura 5.7 - Efficacia dei principali insetticidi biologici attualmente utilizzati. Fonte: https://www.youtube.com/watch?v=Q28f9o4sJT8

Le prove condotte su piretro hanno dimostrato che l'attività residuale è quasi nulla, anche a causa del clima molto caldo del 2022 (anno della prova).

5.7 La filiera vivaistica[16]

La filiera vivaistica ha un ruolo importante nella prevenzione della Flavescenza Dorata.

Le marze da innestare si prelevano da campi di piante madri che non devono aver mostrato sintomi nei due cicli vegetativi precedenti.

Per questo motivo, le aziende vivaistiche sono sotto stretto controllo del Settore Fitosanitario Regionale: devono comunicare ogni anno i campi da cui preleveranno le marze in

[16] https://www.youtube.com/watch?v=vHxwW92UA-Q.

modo che possano essere controllati dal SFR. Oltre ai campi di piante madri, ogni anno vengono ispezionate il 70% delle barbatelle prodotte.

Inoltre, le aziende vivaistiche hanno differenti obblighi per il contenimento dell'insetto vettore; infatti il numero di trattamenti insetticidi prescritti sono maggiori rispetto ai vigneti coltivati.

Nel nucleo di premoltiplicazione della Regione Piemonte sono conservare le piante madri originarie da cui vengono costruiti i campi di piante madri e si trovano in serre protette da rete; l'area viene ispezionata e trattata contro lo scafoideo.

A livello sperimentale, è stato verificato che nel caso in cui il materiale di partenza sia infetto, si osserva la morte o la disaffinità di innesto in vivaio, per cui si verifica una selezione naturale che contiene la diffusione di Flavescenza dorata tramite barbatelle.

In casi rari, si può riscontrare la presenza di barbatelle con sintomi al primo anno di impianto, per cui occorre segnalarlo al Settore Fitosanitario.

5.8 Il legno nero[17]

Il legno nero è un giallume della vite molto diffuso in Italia che è stato segnalato per la prima volta nel Nord-Est della Francia nel 1961. Il nome deriva dalla caratteristica necrosi del legno nel periodo invernale dovuta alla mancata lignificazione durante la stagione vegetativa precedente.

[17] Albertin I, Bosio G, Gotta P, Morone C. La flavescenza dorata e il legno nero della vite. Op. cit.

Come per la Flavescenza dorata, la diffusione passa attraverso insetti vettore (*Hyalesthes obsoletus, Reptalus panzeri*), che però non sono in grado di acquisire il fitoplasma da vite infetta, ma solo dalle piante infestanti che fungono da serbatoio; le principali sono convolvolo, ortica, tarassaco e ranuncolo.

I sintomi sono molto simili a quelli di Flavescenza dorata: le due fitoplasmosi sono indistinguibili se non con analisi molecolari. Nel caso di legno nero, i fitoplasmi sembrerebbero essere meno mobili rispetto a quelli di Flavescenza dorata, infatti non è raro trovare piante con un solo tralcio sintomatico, che si manifesta in estate.

Il contenimento passa attraverso la gestione delle infestanti in quanto i trattamenti insetticidi non sono sufficientemente rilevanti.

5.9 La Flavescenza dorata nel territorio del Gavi[18]

I monitoraggi dell'insetto vettore Scaphoideus titanus e dell'incidenza della malattia nell'area del Gavi DOCG (vitigno Cortese) sono iniziati nel 2012, ma solo dal 2016 il numero di adesioni ha permesso di avere dati significativi della situazione generale.

Inizialmente, la presenza della Flavescenza dorata e della cicalina che la trasmette erano in numero ridotto e sono gradualmente aumentati negli anni, in particolare dal 2019 (Figura 5.8).

La variazione dell'andamento potrebbe essere correlata alla messa al bando di alcune molecole insetticida usate in viticol-

[18] Progetto del Consorzio tutela del Gavi.

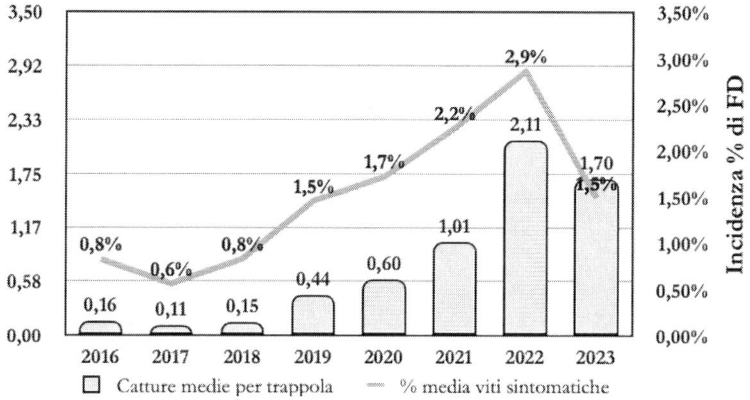

Figura 5.8 – Catture *Scaphoideus titanus* e viti sintomatiche dal 2016 al 2023. Consorzio Tutela del Gavi

tura convenzionale, che, seppur gravemente dannose per gli ecosistemi e per l'uomo, erano un ottimo strumento per il contenimento dell'insetto vettore.

È però da tener presente che le ultime stagioni hanno risentito molto di eventi climatici estremi: siccità e primavere molto calde sono probabilmente le cause dell'alterazione della dinamica di popolazione dell'insetto che si è osservata in alcune stagioni. In particolare, il 2022 è stato caratterizzato da una primavera con temperature superiori ai 25 °C già a maggio e le precipitazioni, seppur in linea con le quantità (in mm) delle annate precedenti, sono state concentrate in uno o due eventi temporaleschi. In questa stagione, si è osservato un notevole anticipo del picco di volo dello scafoideo, con un numero totale di insetti decisamente superiore alla media (Figura 5.9).

Fino ad alcuni anni fa, l'indubbia efficacia degli insetticidi disponibili ha permesso di contenere la diffusione dell'insetto, eppure comparando i dati delle aziende in agricoltura biologica con quelle in convenzionale (Figura 5.10) si nota che il numero di piante sintomatiche è nettamente inferiore in BIO. Visti i disciplinari biologici che ammettono l'utilizzo di insetticidi con una ridotta capacità di contenimento dell'insetto,

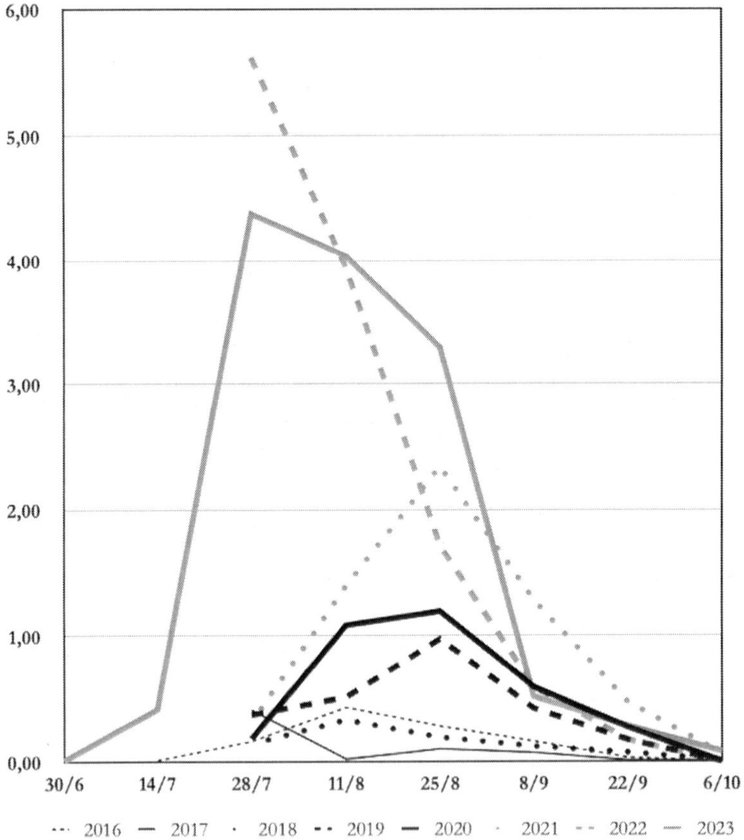

Figura 5.9 – Adulti di *Scaphoideus titanus* catturati dal 2016 al 2023 - insetti/trappola. Consorzio Tutela del Gavi

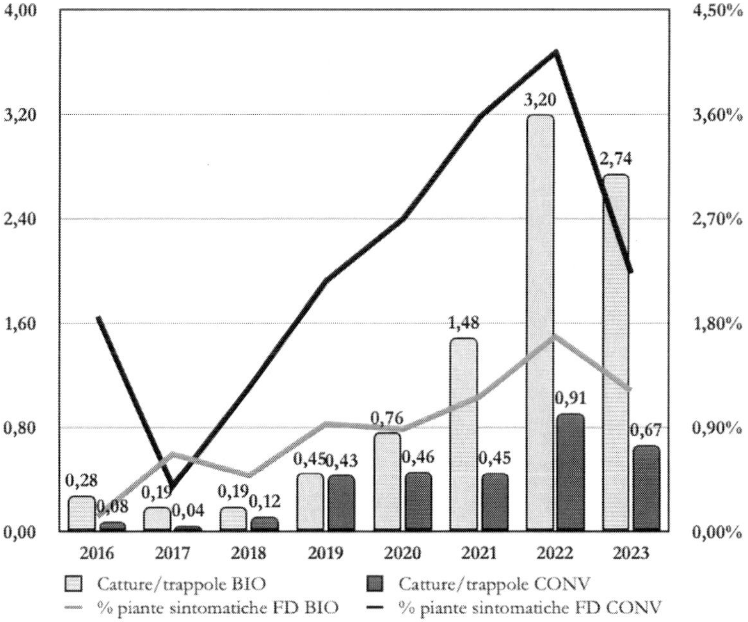

Figura 5.10 – Catture *Scaphoideus titanus* e viti sintomatiche biologiche e convenzionali dal 2016 al 2023. Consorzio Tutela del Gavi

come visto al paragrafo 5.6.2, ci si aspetterebbe una tendenza opposta. Come si spiegano questi dati?

I viticoltori biologici non fanno affidamento solo sugli insetticidi, ma anche su un meticoloso lavoro di rimozione della vegetazione e delle piante infette durante e al termine della stagione. In questa maniera è possibile riuscire a convivere con la Flavescenza dorata, arginando la perdita di uva e i costi di estirpo e rimpiazzo della pianta, oltre al mancato reddito per i 4-5 anni successivi alla sostituzione.

5.10 Caso studio VignaVeritas: prova di gestione di Flavescenza dorata su Barbera (2017-2023)

Nel 2017 è stato avviato un progetto di gestione della Flavescenza dorata su due vigneti[19] di Barbera, una delle cultivar maggiormente presente in Piemonte[20] e tra le più sensibili alla malattia.

Inizialmente, erano previsti due passaggi, uno ad inizio agosto e uno a inizio settembre, in cui venivano capitozzate le piante, con rimozione di tutti i germogli, sia sani sia sintomatici, e poi a fine stagione venivamo estirpati i ceppi e le radici.

Con questa opera di bonifica, negli anni si è riusciti a ridurre notevolmente il numero di piante sintomatiche (da 430 nel 2017 a 87 nel 2021). Come accaduto anche in altri areali, nel 2022 si è osservato un considerevole aumento delle piante sintomatiche (Figura 5.11), dovuto probabilmente al particolare andamento climatico.

Nel 2023, in accordo con il Settore Fitosanitario Regionale, è stato aggiunto un passaggio, anticipando i monitoraggi, ed è variato leggermente il lavoro di bonifica: da giugno ad agosto sono stati rimossi solo i germogli sintomatici, per cui le piante che erano colpite parzialmente dalla malattia non venivano capitozzate, nel tentativo di ridurre le viti da sostituire.

Al primo passaggio le piante con sintomi parziali erano 43, al secondo se ne sono aggiunte 8 e al terzo giro ci sono state ul-

[19] Vigneti di Barbera in Agliano Terme (AT) di 2,1 ettari con circa 8.400 viti totali.

[20] Anche il Nebbiolo ha problemi di Flavescenza dorata: nel 2023, il Progetto Pilota FD Barolo, ha individuato un'incidenza media della malattia del 2,29%. per ettaro; da confermare, con differenza di sensibilità clonale.

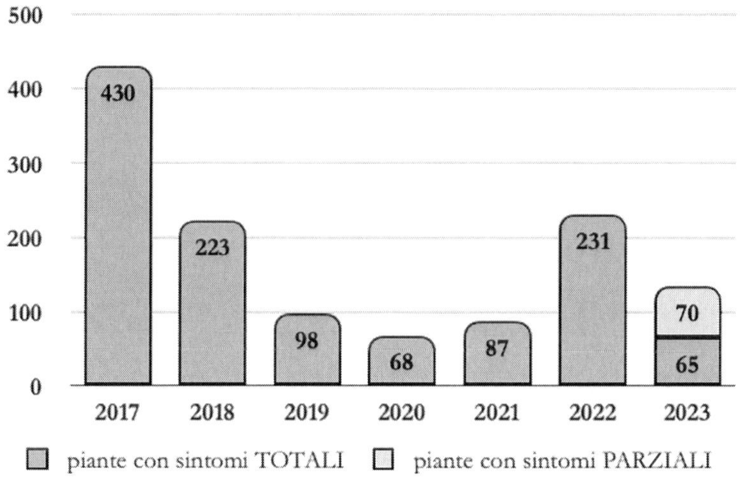

Figura 5.11 – Viti colpite da Flavescenza dorata e capitozzate dal 2017 al 2023

teriori 5 viti con sintomi parziali; per quanto riguarda le piante completamente colpite, all'inizio ne sono state rilevate 30, al secondo giro 27 e all'ultimo 8 (Figura 5.12).

In totale le piante colpite da Flavescenza dorata sono risultate essere 65, mentre quelle parzialmente colpite erano 70. Se fossero state capitozzate completamente tutte le piante, come fatto negli anni precedenti, sarebbero state 135 viti da sostituire; in questo modo si è riusciti a ridurre il lavoro per l'Azienda e a prolungare la vita di una parte delle piante e sicuramente questo tipo di intervento va ancora valutato per qualche anno prima di definirne i risultati.

È inoltre da tener presente che il primo e il secondo passaggio hanno richiesto 4 ore ciascuno per bonificare 2 ettari di vigneto da parte di 2 operatori esperti, mentre per il terzo passaggio sono state sufficienti 2 ore.

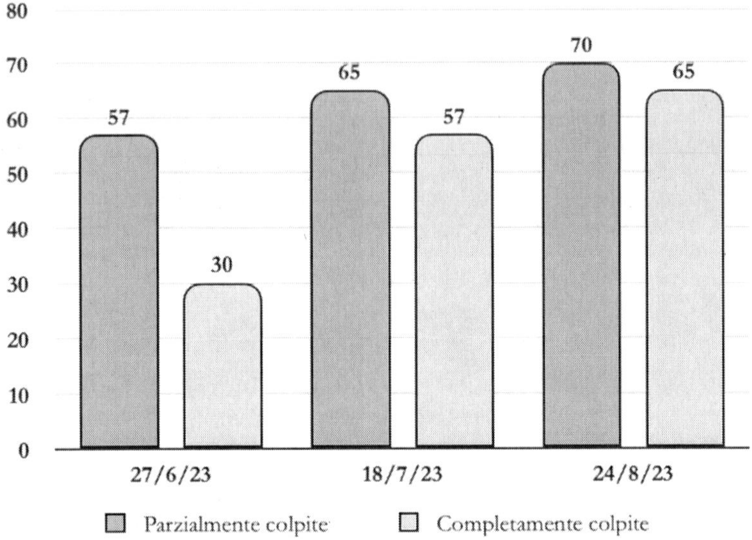

Figura 5.12 – Andamento dell'incidenza di Flavescenza dorata nei due vigneti monitorati e bonificati

Questa pratica si basa sulle conoscenze scientifiche convalidate dalle analisi molecolari, da cui è emerso che la presenza di fitoplasma in tralci che non mostrano sintomi è pressoché nulla, o presente in concentrazioni non sufficienti a infettare l'insetto vettore. Basandosi su questo dato, un organo non sintomatico non rappresenta un rischio fitosanitario; è però importante evidenziare come sia essenziale agire tempestivamente dopo il trattamento insetticida nella rimozione dei germogli malati per riuscire a contenere la diffusione della fitoplasmosi ad altre piante.

Comune:		Azienda				Particella:					
Data		Vitigno:				Rilevatore:					
piante	**ninfe**	**stop**	**densità**	**piante**	**ninfe**	**stop**	**densità**	**piante**	**ninfe**	**stop**	**densità**
1		229,6	229,63	38		7,0	0,18	75		3,6	0,05
2		118,0	58,99	39		6,8	0,17	76		3,6	0,05
3		79,9	26,64	40		6,6	0,17	77		3,5	0,05
4		60,6	15,15	41		6,5	0,16	78		3,5	0,04
5		48,9	9,78	42		6,3	0,15	79		3,4	0,04
6		41,1	6,84	43		6,2	0,14	80		3,4	0,04
7		35,4	5,06	44		6,1	0,14	81		3,4	0,04
8		31,1	3,89	45		5,9	0,13	82		3,3	0,04
9		27,8	3,09	46		5,8	0,13	83		3,3	0,04
10		25,1	2,51	47		5,7	0,12	84		3,3	0,04
11		22,9	2,08	48		5,6	0,12	85		3,2	0,04
12		21,1	1,76	49		5,5	0,11	86		3,2	0,04
13		19,5	1,50	50		5,4	0,11	87		3,1	0,04
14		18,2	1,30	51		5,3	0,10	88		3,1	0,04
15		17,0	1,13	52		5,2	0,10	89		3,1	0,03
16		16,0	1,00	53		5,1	0,10	90		3,0	0,03
17		15,1	0,89	54		5,0	0,09	91		3,0	0,03
18		14,3	0,79	55		4,9	0,09	92		3,0	0,03
19		13,6	0,71	56		4,8	0,09	93		2,9	0,03
20		12,9	0,65	57		4,7	0,08	94		2,9	0,03
21		12,3	0,59	58		4,6	0,08	95		2,9	0,03
22		11,8	0,54	59		4,6	0,08	96		2,9	0,03
23		11,3	0,49	60		4,5	0,07	97		2,8	0,03
24		10,8	0,45	61		4,4	0,07	98		2,8	0,03
25		10,4	0,42	62		4,4	0,07	99		2,8	0,03
26		10,0	0,39	63		4,3	0,07	100		2,8	0,03
27		9,7	0,36	64		4,2	0,07	101		2,7	0,03
28		9,3	0,33	65		4,2	0,06	102		2,7	0,03
29		9,0	0,31	66		4,1	0,06	103		2,7	0,03
30		8,7	0,29	67		4,0	0,06	104		2,6	0,03
31		8,5	0,27	68		4,0	0,06	105		2,6	0,02
32		8,2	0,26	69		3,9	0,06	106		2,6	0,02
33		8,0	0,24	70		3,9	0,06	107		2,6	0,02
34		7,8	0,23	71		3,8	0,05	108		2,6	0,02
35		7,5	0,22	72		3,8	0,05	109		2,5	0,02
36		7,3	0,20	73		3,7	0,05	110		2,5	0,02
37		7,2	0,19	74		3,7	0,05	111		2,5	0,02

piante	ninfe	stop	densità	piante	ninfe	stop	densità	piante	ninfe	stop	densità
112		2,5	0.02	149		1,9	0.01	186		1,5	0.01
113		2,4	0.02	150		1,9	0.01	187		1,5	0.01
114		2,4	0.02	151		1,9	0.01	188		1,5	0.01
115		2,4	0.02	152		1,8	0.01	189		1,5	0.01
116		2,4	0.02	153		1,8	0.01	190		1,5	0.01
117		2,4	0.02	154		1,8	0.01	191		1,5	0.01
118		2,3	0.02	155		1,8	0.01	192		1,5	0.01
119		2,3	0.02	156		1,8	0.01	193		1,4	0.01
120		2,3	0.02	157		1,8	0.01	194		1,4	0.01
121		2,3	0.02	158		1,8	0.01	195		1,4	0.01
122		2,3	0.02	159		1,8	0.01	196		1,4	0.01
123		2,3	0.02	160		1,8	0.01	197		1,4	0.01
124		2,2	0.02	161		1,7	0.01	198		1,4	0.01
125		2,2	0.02	162		1,7	0.01	199		1,4	0.01
126		2,2	0.02	163		1,7	0.01	200		1,4	0.01
127		2,2	0.02	164		1,7	0.01	201		1,4	0.01
128		2,2	0.02	165		1,7	0.01	202		1,4	0.01
129		2,2	0.02	166		1,7	0.01	203		1,4	0.01
130		2,1	0.02	167		1,7	0.01	204		1,4	0.01
131		2,1	0.02	168		1,7	0.01	205		1,4	0.01
132		2,1	0.02	169		1,7	0.01	206		1,4	0.01
133		2,1	0.02	170		1,7	0.01	207		1,4	0.01
134		2,1	0.02	171		1,6	0.01	208		1,3	0.01
135		2,1	0.02	172		1,6	0.01	209		1,3	0.01
136		2,0	0.02	173		1,6	0.01	210		1,3	0.01
137		2,0	0.01	174		1,6	0.01	211		1,3	0.01
138		2,0	0.01	175		1,6	0.01	212		1,3	0.01
139		2,0	0.01	176		1,6	0.01	213		1,3	0.01
140		2,0	0.01	177		1,6	0.01	214		1,3	0.01
141		2,0	0.01	178		1,6	0.01	215		1,3	0.01
142		2,0	0.01	179		1,6	0.01	216		1,3	0.01
143		2,0	0.01	180		1,6	0.01	217		1,3	0.01
144		1,9	0.01	181		1,6	0.01	218		1,3	0.01
145		1,9	0.01	182		1,5	0.01	219		1,3	0.01
146		1,9	0.01	183		1,5	0.01	220		1,3	0.01
147		1,9	0.01	184		1,5	0.01				
148		1,9	0.01	185		1,5	0.01				

Allegato 1.1 - Scheda per il rilievo sequenziale dei giovani di *Scaphoideus titanus*

Bibliografia

Albertin I, Bosio G, Gotta P, Morone C. La flavescenza dorata e il legno nero della vite. 2007. *Provincia di Asti.*

Benedetti A. Come ripristinare la fertilità biologica del suolo. 2016. *L'informatore agrario,* 29, (45-47).

Bernizzoni F, Civardi S, Van Zeller M, Gatti M, Poni S. Shoot thinning effects on seasonal whole-canopy photosynthesis and vine performance in *Vitis vinifera* L. cv. Barbera. 2011. *Australian Journal of Grape and Wine Research,* 17 (351-357).

Bigot G, Benedetti A. Fertilità biologica del suolo e qualità delle uve. 2022. *4Grapes,* https://www.facebook.com/4grapes.it/videos/3258593401123153.

Bigot G, Bertramini M. La qualità delle uve è una questione di efficienza nelle gestione del vigneto. 2022. *4Grapes,* https://www.facebook.com/4grapes.it/videos/276094471379364.

Bigot G, Bigot L, Freccero A, Stecchina M, Mosetti D, Lujan C, Sivilotti P. fertirrigazione del Pinot grigio: più qualità e più guadagno. 2014. *L'Informatore Agrario,* 32 (43-48).

Bigot G, Cogato A, Modina D. Stress termico ed idrico: tecniche di rilevamento e gestione in vigneto. 2022. *4Grapes,* https://www.facebook.com/4grapes.it/videos/1665031483890327.

Bigot G, Fait A. Stress idrico e termico: quali conseguenze per la vite e l'uva? 2022. *4Grapes,* https://www.facebook.com/4grapes.it/videos/573689911036783.

Bigot G, Frioni T. Come si comporta la vite dopo un danno da gelata primaverile? 2021. *4Grapes,* https://www.facebook.com/4grapes.it/videos/4292783847433146.

Bigot G, Intrigliolo D. S. La gestione dello stress idrico in vigneto. 2022. *4Grapes,* https://www.facebook.com/4grapes.it/videos/1607537219640625.

Bigot G, Menotti G. Maturazione delle uve a bacca bianca. 2020. *4Grapes,* https://www.facebook.com/4grapes.it/videos/303968717683451.

Bigot G, Mescalchin E. Gestione del suolo e del sovescio nel vigneto. 2020. *4Grapes,* https://www.facebook.com/4grapes.it/videos/683115155970203.

Bigot G, Palliotti A. Come ritardare il germogliamento della vite attraverso la potatura tardiva. 2021. *4Grapes,* https://www.facebook.com/4grapes.it/videos/140846187951113.

Bigot G, Pitacco A. Bilancio idrico e del carbonio in vigneto e sua resilienza. 2022. *4Grapes,* https://www.facebook.com/4grapes.it/videos/1263343001148529.

Bigot G, Poni S. Indice Bigot - dalla ricerca al vigneto. 2020. *4Grapes,* https://www.facebook.com/4grapes.it/videos/1577942819038813.

Bigot G, Porro D. Il fabbisogno di elementi chimici in relazione all'andamento stagionale. 2021. *4Grapes,* https://www.facebook.com/4grapes.it/videos/188779106668080.

Bigot G, Silvilotti P. Stress idrico - quando aumenta la qualità? 2020. *4Grapes,* https://www.facebook.com/4grapes.it/videos/3288203194574569.

Bigot G, Tomasi D. Evoluzione della bacca. 2021. *4Grapes,* https://www.facebook.com/4grapes.it/videos/

Bigot G, Valentini G. Caratteristiche delle uve e vinificazione: il ruolo delle scelte viticole e di gestione agronomica del vigneto. 2022. *4Grapes,* https://www.facebook.com/4grapes.it/videos/604390577748406.

Bigot G, Zanotti R. Fertilità fisica del terreno: il sovescio. 2022. *4Grapes,* https://www.facebook.com/4grapes.it/videos/639904110836859

Bigot G, Zironi R. L'andamento della maturazione delle uve in Italia. 2021. *4Grapes,* https://www.facebook.com/4grapes.it/videos/857329031839027.

Bigot G, Zironi R. Maturazione e vinificazione delle uve a bacca nera. 2020. *4Grapes,* https://www.facebook.com/4grapes.it/videos/663333647927412.

D'Onofrio C. L'origine viticola degli aromi del vino. 2021. *4Grapes,* https://www.facebook.com/4grapes.it/videos/427713948657512

Degano F, Paladin M, Bigot G, Sivillotti P, Stocco M, Prete G, De Pauli P, Vicentini L, Porro D. Disseccamento del rachide e concimazione fogliare. 2013. *Vigne, Vini e Qualità,* 3 (28-30).

Deloire A, Pellegrino A, Rogiers S. Ritardare il germogliamento e/o le fasi fenologiche non solo una questione di data di potatura. 2022. https://www.youtube.com/watch?v=G_iVRUIeQ7Y&t=249s&_ga=2.234579294.1167935246.1677833952-669997263.1677833952

Ermacora P, Osler R. 2019. Symptoms of Phytoplasma *Disease. In: Musetti R., Pagliari L. (eds) Phytoplasmas. Methods in Molecular Biology, Humana Press, New York, NY,* 1875, 53-67.

Evans R. G. The Art of Protecting Grapevines From Low Temperature Injury. 2000. *Proceedings of the ASEV 50th Anniversary Meeting, Seattle, Washington June 19-23, 2000*, 60-72.

Fregoni M. Viticoltura di qualità. 2013. *Tecniche nuove.*

Fregoni M. Viticoltura di qualità. Trattato dell'eccellenza da terroir. 2013. *Tecniche Nuove.*

Frioni T, Bonicelli P. G, Cunial L, Barmpa D. M, Gatti M, Poni S. Un approccio tecnico all'uso del caolino per contrastare gli stress estivi in vigneto. 2023. *MilleVigne,* 2 (12-16).

Gaiotti F, Broggio M. Masterclass sul suolo e sugli stress climatici in vigneto: La radice. 2022. *Vinidea,* lezione 2.

Gatti M. Stress multipli estivi: impatto su produzione e qualità dell'uva. 2018. *DEMOdays.*

Gotta P, Morone C. Flavescenza dorata. La situazione in Piemonte, gli interventi e i trattamenti utili. 2022. *Agricoltura. Quaderni della Regione Piemonte,* 103, 21-28.

Guidoni S, Ferrandino A. La gestione agronomica del vigneto di Nebbiolo. 2006. *Quaderni di Scienze viticole ed enologiche,* 28 (115-123).

Guidoni S. Sfogliatura della vite e andamenti climatici. 2010. *Vitenda,* XV (84-85).

Guidoni S. Sfogliatura della vite e andamenti climatici. 2010. *Vitenda,* XV (84-85).

Interdorato S. Irrigare la vite in base all'obiettivo enologico prefissato. 2021. *Vite&Vino,* 3.

Lessio F, Picciau L, Gonella E, Mandrioli M, Tota F, Alma A. The mosaic leafhopper Orientus ishidae: host plants, spatial distribution, infectivity, and transmission of 16SrV phytoplasmas to vines. 2016. *Bulletin of Insectology,* 69 (2), 277-289.

Lucchi Andrea, Alma Alberto. Scaphoideus titanus: ruolo epidemiologico, monitoraggio e possibilità di intervento. 2022. *Incontro tecnico del Settore Fitosanitario della Regione Toscana.*

Meggio F. La fisiologia della vite in caso di stress. 2022. *Vinidea, Masterclass sul Suolo e sugli Stress Climatici in Vigneto.*

Modina D. Irrigazione di precisione: supporto alle decisioni e rateo variabile nel progetto VIRECLI. 2021. *MilleVigne,* 4.

Moio L. Effetti del cambiamento climatico sull'aroma del vino. 2022. *Vinidea, Masterclass sul Suolo e sugli Stress climatici in vigneto,* Lezione Bonus 3.

Morando A, Gerbi V, Minati L, Nobello V, Eynard I, Arnulfo C, Taretto E, Minetti G. Confronto tra interventi di diradamento e spuntatura dei grappoli all'allegazione e all'invaiatura. 1991. *VigneVini,* 7-8 (43-50).

Neethling E, Barbeau G, Tissot C, Rouan M, Le Coq C, Le Roux R, Quénol H. Adapting viticulture to climate change: guidance manual to support winegrowers' decision-making. 2016. *Life Adviclim.*

Ottavi O, Marescalchi A. I Principi della Viticoltura. 1909. *Biblioteca Agraria Ottavi,* Vol. LXXXVIII

Palliotti A, Poni S, Silvestroni O. La nuova viticoltura. Innovazioni tecniche per modelli produttivi efficienti e sostenibili. 2015. *Edagricole,* 136-141.

Palliotti A, Silvestroni O, Petoumenou D. Photosynthetic and photoinhibition behavior of two field- grown grapevine cultivars under multiple summer stresses. 2009. *American Journal of Enology and Viticolture,* 60 (189-198).

Palliotti A. Caolino su vite con effetto sun-screen. 2022. *Vinidea, Masterclass sul Suolo e sugli Stress Climatici in Vigneto.*

Persico MJ, Smith DE, and Centinari M. Delaying budbreak to reduce freeze damage: Seasonal vine performance and wine composition in two V. vinifera cultivars. 2021. *American Journal of Enology and Viticulture.*

Poni S. Progettare e gestire il vigneto sostenibile in un'era di cambiamento climatico. 2022. *Pubblicazione indipendente.*

Porro D, Dorigatti C. Meglio concimare la vite con apporti frazionati. 2009. *L'Informatore Agrario,* 9 (27-47).

Porro D, Schippa M. Fertilità chimica del terreno: quali nutrienti e come somministrarli. 2022. *4Grapes,* https://www.facebook.com/4grapes.it/videos/662138808353896.

Scienza A, Failla O, Raimondi S. La Vite e il Vino - Botanica. Coltivazione. Storia e arte. Ricerca. Alimentazione. Utilizzazione. Paesaggio. Mondo e mercato. 2007. *Script.*

Scognamiglio P, Mataffo A, Teobaldelli M, Dente A, Basile B. Più acidità defogliando il lato meno esposto della vite. 2019. *L'Informatore Agrario,* 17-18.

Tombesi S, Poni S, Palliotti A. Stress idrico in Vitis vinifera: varibilità delle risposte fisiologiche intra-specifiche e loro potenziale sfruttamento nella mitigazione degli effetti dei cambiamenti climatici. 2016. *Italus Hortus*, 23(1), 45-53.

Verdenal T, Zufferey V, Dienes-Nagy A, Bourdin G, Gindro K, Spring J-L. Sfogliatura della vite prima o dopo l'allegagione: conseguenze fisiologiche e fattori qualitativi. 2019. *IVES Technical Reviews,* 1-2.

Zinoni F, Antolini G, Palara U, Rossi F e Reggidori G. Aspetti fisici ed ecofisiologici nella previsione e difesa delle piante da frutto dalle gelate tardive. 2005. *Italus Hortus,* 12 (4), 63 - 78.

Riferimenti web

http://www.politichepiemonte.it/argomenti/colonna1/ambiente-e-territorio/640-ripercussioni-del-cambiamento-climatico-sulla-viticoltura-piemontese

http://www.regione.piemonte.it/repository/agri/leggi/allegato_796.pdf

http://www.viten.net/contributo/get/17

https://vinoeviticoltura.altervista.org/gli-aromi-varietali/

https://vinoeviticoltura.altervista.org/la-maturazione-delluva/?doing_wp_cron=1725460163.3935809135437011718750

https://www.arpaspeciali.com/guide/come-e-perche-impiegare-ammendanti-e-correttivi/

https://www.informamiele.it/tabelle-tossicita

https://www.oataitalia.it/flavescenza-dorata-i-nuovi-strumenti-per-combatterla/

https://www.viticoltura.com/le-quattro-regole-della-potatura-verde/

https://www.youtube.com/watch?v=Nw8rxQ7VgXQ

https://www.youtube.com/watch?v−Q28f9o4sJT8

https://www.youtube.com/watch?v=vHxwW92UA-Q

https://www.youtube.com/watch?v=x6K8h-XPp9c&t=4800s

Ringraziamenti

Questo è il mio primo manoscritto, e pur essendo un classico terminarlo con i ringraziamenti, il primo pensiero va ai miei genitori e a mio fratello Matteo. Grazie a loro ho intrapreso il percorso agrario che ha dato forma alla mia professione. Un ringraziamento speciale va anche ai miei figli Michela, Filippo ed Edoardo, e alla mia compagna Elisa, che mi motivano a continuare a seminare, anche quando le condizioni non sono sempre ideali.

Il manuale è stato reso possibile grazie al sostegno di VignaVeritas, che ha creduto in questa iniziativa, fornendo tempo e materiali. Un riconoscimento particolare va a Silvia Gamalero per il prezioso supporto, soprattutto nella predisposizione dei testi. Inoltre desidero ringraziare le Aziende con cui collaboro, che mi permettono di scambiare idee e avviare nuove iniziative.

Un sentito grazie va alla dott.ssa Paola Gotta del Settore Fitosanitario servizi tecnico-scientifici della Regione Piemonte, per il confronto attivo durante la stesura del capitolo sulla Flavescenza dorata in Piemonte e, ancor prima, per averci trasmesso una mentalità tecnica e pratica per affrontare questa grave patologia.

Davide Ferrarese

Nato nel 1973, Agrotecnico specializzato in consulenza viticola, libero professionista dal 1997. Nel 2015 ho fondato VignaVeritas (www.vignaveritas.it) con sede a Gavi, dedicandomi alla viticoltura piemontese e ai vitigni autoctoni di Barbera, Cortese, Dolcetto, Nebbiolo e Timorasso. Lavoro anche in altre regioni italiane, tra Lombardia, Toscana e Puglia.
Insieme ai miei colleghi, Matteo, Federico e Silvia, ci occupiamo di consulenza fitopatologica e agronomica, con particolare attenzione alla fertilità dei suoli e alla fisiologia della pianta. Sviluppiamo tecniche innovative per la nutrizione dei vigneti e perfeziono la potatura della vite utilizzando il metodo ramificato.
Siamo attivamente coinvolti in progetti di studio e di monitoraggio sui fitoplasmi della vite, lavoriamo su prove agronomiche e sulle innovazioni tecniche come la dendrochirurgia, la gestione della chioma, l'analisi climatica e la maturazione delle uve. Inoltre realizziamo attività formative in vigna, con l'obiettivo di valorizzare e diffondere il "saper fare" nel campo della viticoltura.

Instagram: @_davide_ferrarese_
facebook.com/davide.ferrarese.7

Made in United States
North Haven, CT
10 November 2026

22091241R00182